설계와 디자인은

글 로 쓰 지 않 는 소 설 이 다

설계와 디자인은 글로 쓰지 않는 소설이다

설계와 디자인은 글로 쓰지 않는 소설이다

2013년 5월 10일 1판 1쇄 인쇄
2013년 5월 15일 1판 1쇄 발행

지은이 이병담
펴낸이 강찬석
펴낸곳 도서출판 미세움
주 소 150-838 서울시 영등포구 신길동 194-70
전 화 02-844-0855 팩 스 02-703-7508
등 록 제313-2007-000133호
ISBN 978-89-85493-71-0 03600

정가 15,000원

저작권법에 의해 보호를 받는 저작물이므로 무단 전재와 복제를 금합니다.
일부 저작권 허가를 받지 못한 사진은 저작권자가 확인되는 대로 절차에 따라
계약을 맺고 저작권료를 지불하겠습니다.
잘못된 책은 교환해 드립니다.

설계와 디자인은 글로 쓰지 않는 소설이다

이병담 지음

CONTENTS

00	Design 그리고 설계	6
01	설계와 디자인은 글로 쓰지 않는 소설이다	9
02	눈에 보이는 것은 모두 재미있다	11
03	Design은 필요에 의해 만들어진다	20
04	전문지식과 창의적인 Design과의 관계	26
05	다른 의미로의 설계 Design	46
06	Design은 눈에 보이는 데부터 시작된다	52
07	Idea를 개발하는 틀	64
08	건축의 설계는 Design과 기술이 융합하는 기본을 가지고 있다	77
09	설계	81
10	기능의 유기적 연속성	92
11	3차원 공간의 구성은 다양한 요소의 조합이다	95
12	우리가 생활하고 있는 공간의 다양한 건축물들	99
13	우리가 살고 있는 순간은 정지되어 있지 않고 꾸준히 변한다	103
14	Design과 설계를 진행하는 것은 문화를 태동시키는 것이다	109

15	생활공간의 의미?	113
16	무기물질로 완성된 공간의 이야기	119
17	무기물체로 구성된 건축물의 조화	126
18	보편적 사고 그리고 대중적인 평균	133
19	창의적 사고로의 접근	137
20	조합과 배열을 선택하는 행위가 Design이다	156
21	Designer의 전문적인 지식의 도입과 결정	159
22	Design 중에 건축설계를 중심으로 설명하여 보겠다	161
23	Design은 끝나지 않는 과정이다	166
24	Design에는 확실한 과정이 존재하지 않는다	169
25	Design과 설계는 과제의 의미를 찾고 문제를 해결하는 과정이다	174
26	표현의 구성	184
27	Design과 설계는 주관적인 가치평가의 선택이 필연적으로 따르게 된다	194
28	건축은 예술인가?	198
29	소설과 Design은 글처럼	211
30	설계와 Design의 과정은 여행하는 과정과 비슷하다	213

00

Design
그리고
설계

이 글은 Design이나 건축에 관심은 있지만, 전문지식이 많이 필요할거라는 오해를 하고 어떻게 표현해야 할지 몰라 시작부터 갈피를 못 잡고 헤매는 이들을 위해 쓴 것이다.

설계사무실, 건설회사 기술담당, 대학교에서 설계를 가르치는 동안, Design 분야에서 일하고 공부하면서도 Design에 대해 너무 어렵게 생각하는 젊은이들을 보았다. 그들은 본인이 Design에 대한 전문지식이 부족한건 아닌지, 표현능력이 부족한건 아닌지, 창의적인 아이디어가 부족한건 아닌지 많은 고민에 시달리고 있

Design 그리고 설계

었다.

게다가 이 분야에 대해 쉽게 설명해 놓은 자료도 충분치 않고 전문서적은 너무 어려워 이들에겐 Design이나 설계는 더 높은 벽이 될 수밖에 없어 보였다. 그런 이들을 위해 Design과 설계는 조금만 달리 보면 얼마든지 쉬운 분야라고 알려주고 싶어졌다.

소설책을 읽다보면 작가는 글로써 독자의 감성을 자극하여 감동을 준다. Design이나 설계도 마찬가지로 건축물에 설계가의 의도나 목표를 담아 사용자에게 아름답고 편리한 공간을 제공함으로써 그들과 소통한다.

이러한 이유로 나는 Design과 설계는 글로 전하지 않는 소설이라고 하였다. Design이나 설계로 완성되는 것은 서로 대중과 공유하기도 하지만, 때에 따라 나만의 것이 되기도, 우리 것이 되기도 하기 때문이다. 이 글은 누구라도 읽고 쉽게 이해할 수 있을 것이라 믿고, Design과 설계는 누구든지 할 수 있다는 사실의 이해가 잘 되기를 바라며 만약 부족한 부분이 있으면 널리 이해하길 바란다.

너무 전문적인 용어는 사용하지 않으려 노력했으나 간혹 설명을 명확히 하고자 전문용어를 사용했다. 읽는 사람에게 혼란을 주지 않기 위해 전문용어를 깊이 풀어놓지 않아 설명이 부족하다 지적하는 전문가도 있을 것이다.

Design과 설계는 창조적이고 창의적인 생각을 실현하며 얻는 기쁨도 커서 조금이라도 흥미를 가지고 있다면 도전할만한 분야다. 아직도 망설이는 이가 있다면 일단 시작해보라고 권하고 싶다.

01

설계와 디자인은
글로 쓰지 않는
소설이다

흔히 Design이라고 하면 누구나 새롭고 창의적인 것을 연상한다. 현대사회에서 Design은 기능적으로 편리할 뿐 아니라, 형태도 아름답게 구성하여 만드는 결과나 행위를 말한다. 이미 우리 일상에 깊숙이 파고들어 Design을 빼놓고는 생활할 수 없을 만큼 큰 부분을 차지하고 있다.

일반적으로 일생생활에서 접하는 모든 Design에는 이용자 모두가 직접 혹은 간접적으로 참여하고 있다고 생각하는 이는 드물다. 우리가 이용하고 소유하는 De-sign된 모든 사물은 필요에 의해 편리하게 사용하도록 만들어졌기 때문이다.

우리 생활에 깊숙히 접목되어 있는 Design의 또 다른 의미가 있다. 우리는 Design으로 계획되어 이루어진 질서와 균형 속에서 함께 사회생활을 하고 있다. 때로는 개개인이 계획한 틀 속에서 독립적인 생활을 Design하는 것도 효율성과 편의성을 갈망하는 인간의 기본욕구를 만족시키는 방법이다. 하지만 스스로 Design을 시도하면서 어떤 방법을 선택하고 구성해야 할지 어려움을 겪게 되고 구체적인 이해도 부족하여 당황하게 된다.

이럴 땐 Design이란 것이 도대체 무엇인지 스스로 묻기도 하는데, 사실 우리는 실생활의 경험을 통하여 이미 그 해답을 알고 있다. 다만 스스로가 얼마나 많은 지식과 능력을 가지고 있는지 인지를 못하고 있을 뿐이다.

02

눈에 보이는 것은 모두 재미있다

길을 걷다보면 흥미로운 것들이 눈앞에 펼쳐진다. 우리는 도시나 시골, 또 혼잡한 곳이나 한산한 곳 등 샐 수 없이 많은 것들이 연줄뇌는 생활공간에서 매일 생소하거나 예기치 못한 새로운 것들이 전개되어 관심을 갖게 된다. 이 모든 보이는 것을 통해서 경험하는 동안 생활공간 속에서 우리는 하루하루 축적되는 생각과 경험을 더하게 된다.

길에서 때론 생소하거나 예기치 못하게 새로운 것들이 전개되어 흥미와 관심을 갖게 되고 이 여러 가지의 눈앞에 전개되는 경치나 환경 등 커다란 공간 속에서 우리는 또 하나의 생각과 경험하게 된다. 시각적인 경험, 감성적인 경험, 물리적 체험 등등의 경험을 통해서 생각하는 시간을 갖게 되고 이러한 체험과 경험을 통해 개개인의 창의적인 아이디어가 만들어지기도 한다.

이러한 일들의 연속된 시간을 우리는 일상이라고 하며 우리는 재미로운 하루를 보냈다고 표현한다. 이 하루 속에는 우리가 새로 느끼고 보는 수많은 이야기가 있다.

길을 걸어가다 보면 온갖 만물상이 내 앞에 펼쳐진다. 현대 도시의 하루는 복잡하지만 흥미로운 일이 벌어지고 있는 일상 환경이다.

피부로 느끼는 오늘의 날씨는 상쾌하고 햇빛이 쪼이는 느낌을 느끼거나 비오는 날 또는 바람 부는 날, 추운 날 등 한 해의 계절을 보내며 매일 새로운 하루를 지내면서 나의 느낌과 함께 내 눈앞에 보이는 모든 것을 느끼면서 길거리에서 전개되는 모든 것을 즐기거나 경험하게 된다.

길에는 수많은 사람들이 연출하는 복합 공간예술이 전

개되고 우리가 항시 지나가는 동네에서는 만물상처럼 펼쳐지는 그 동네의 모양을 보면서 체험하고 경험하고 기억하며 나도 동네의 일부분처럼 느끼면서 내 앞에 전개되는 현실적 환경에 일원으로 참여하게 된다.

길거리에는 사람들이 색색의 다른 모양의 옷을 입고 서로 다른 모습으로 길을 걸어가며 다양한 행위를 하며 도시의 건축물사이를 누비며 업무 관련 또는 생활 관련된 일을 하면서 이곳저곳 여러 용도의 건축물들을 방문하고 이용한다. 수많은 도시의 건축물들은 다양한 용도에 맞게 구성되어 형태적으로 모양이나 크기가 각각 다른 모습의 도시풍경을 만들고 있다.

세계를 여행하여 본 사람들은 우리가 살고 있는 도시의 풍경과 다른 그 지역의 각양각색의 건축물들이 연출한 도시의 아름다움을 감상하고 경험하며 많은 기억을 만들어내고 있다. 경험하고 있는 세상의 풍물은 문화적 배경, 지역적 환경, 역사적 배경, 자연적 환경의 다채로움에서 장기간 형성된 세상이다. 모양도 다르고 생각도 다르고 행동도 달라 각각의 특성이 연출된 환경의 변화는 무궁무진하고 흥미롭게 전개되어 있다.
도시 속에는 건축물만이 아니고 다양한 용도의 시설 내용이 포함되고 가지각색의 광고 간판과 도시의 시설물들과 함께 섞여서 동내를 이루고 있다. 이러한 현상은 복합적으로 사회문화와 도시문화 등이 서로 융화되어 도시 안에 자리하고 있다.
우리는 이러한 내용을 설명할 때 그 시대의 문화라고 한다. 물론 문화의 용어적 의미는 인문적으로 해석하게 되지만, 우리가 살고 있는 세상인 도시에서 건축물들도 문화의 문화적 배경의 일부라고 할 수 있다.
건물과 더불어 구성되어 표현된 도시에서 나타나는 정보는 우리 생활의 일부이며 건물의 모양이나 간판들은 시설내용에 대한 정보로 건축물 내부가 어떻게 이용되는 지 설명하며 간판 등 정보는 나와 관련이 있는 곳인가 아닌가 생각하고 이용하게 가리키고 건축물에 있는 여러 기능적 내용을 설명한다.
수많은 도시의 건축물들은 나에게 특별히 관련이 없어도 내 앞에 전개되는 모습이 아름다운 모양인지 편리

눈에 보이는 것은 모두 재미있다

한 모양인지 내가 좋아하는 모습인지 조화로운 모양을 하고 있는지 등을 느끼게 하고 또 어떤 모습의 건축물이나 광고는 여러 가지의 정보를 전달하여 용도 등이 다양하게 설명되고 있다.

그런데 우리는 항상 이러한 환경 속에서 생활하지만 날마다 시간마다 경험하는 내용을 동시에 모아 저장할 수 없으므로 기억 속에 수많은 경험과 정보를 함께 모으고 남겨 정확히 기억하기 어렵다.

여기저기 지나다 보면 비슷한 모양의 내용들을 볼 수 있으니 너무나 익숙하게 보여 별로 색다르게 느끼지 않기 마련이다.

그런데 어떤날 누가 어느 특별한 곳을 이야기하는데 그 장소를 찾으려 하면 어디에서 보았는지 그 장소를 쉽게 기억하여 찾아내지 못하는 경험을 한다. 이렇게 나에게 일어났던 주위의 정보를 모두 찾아내어 축적하는 것이 불가능하다고 본다.

그러나 보았거나 느꼈던 경험은 구체적으로 명료하게 기억하지는 아니하지만 막연하게 나의 내제된 기억 속에 남아 나중에 내가 그러한 내용이 필요할 때 나의 의식 속에서 필요한 기억을 찾아 선택하여 이용하게 된다.

또 타인의 경험과 지도를 통해서 우리는 미지의 지식을 습득하여 나의 경험과 지식이 결합하여 나의 생활 속에서 의식적 혹은 무의식 속에서 많은 결정을 하게 된다.

이러한 결정을 만드는 과정은 지식의 습득을 통해 많은 시간 동안 대상에 대한 이해 또는 합리적 판단을 추구하려 많은 시간을 보내고 또 많은 주위 사람과 서로 교류하고 토의하여 공통적인 이해를 통해 내용의 자료를 모아 생각을 정리하고 선택하려 노력한다,

우리가 새로운 것을 찾으려 하는 것은 무엇일까?

사람은 하루에 70,000가지 생각을 하며 살고 있다는 어느 과학자의 연구내용을 인용하여 라디오 방송에서 이야기한다. 물론 만물을 상상하는 것들이겠지만 그 중 상당 부분을 차지하고 있는 것은 새로운 것에 대한 호기심일 것이다.

새로운 것은 왜 필요할까?

곰곰이 생각하여 보면 일상에서 자주 시장이나 백화점에서 필요한 것을 찾아 많은 시간을 보낸다. 그러나 필요한 물건을 선택할 때 쉽게 결정하지 못하고 주저하는 일이 아주 많이 있다. 이 과정에서 많은 생각을 하게 되는데 분명하게 선택할 수 있는 내용을 정리하지 못하는 경우다.

우리는 새로운 것을 보면 흥미를 느끼고 소유하고 싶고 때로는 막연한 기대 등의 욕구에 따라 새로운 것이나 색다른 것을 찾고 있는데 이것은 우리에게 내재된 무한한 호기심이 발동하여 여러 생각을 하게 되는데 아마도 이미 스스로 왜 새로운 것을 찾고 있는지에 대한 답을 가지고 있을 터인데 내 스스로 찾아내지 못하며 결정을 하지 못하고 헤매고 있는 경우일 것으로 생각된다.

우리가 생활에 필요로 하는 것을 찾게 되는 것은 특별한 목적의 용도에 분명히 필요로 하는 내용일 것이다. 그 내용은 편리함 혹은 안락함을 위한 기준이 될 수도 있고 아름다운 형태적 기준 혹은 우리가 사용하는 도구로서 기능적의 역할 등의 기준 등등 여러 다양한 평가 속에 선택의 기준을 찾고 있는 것이 아닐까 하고 생각해 볼 수 있다.

이러한 동기적인 배경이 우리를 Design 혹은 설계의 세계로 이끌게 된다.

03

Design은
필요에 의해
만들어진다

우리가 하루하루 살고 있는 생활은 삶의 질적인 향상을 위해 개인 능력의 범주에 균형을 맞추고 주어진 환경에 조화롭게 다양한 구성을 실현하고자 배우고 노력하며 사는 삶이 지속되는 것 같은 생각을 하게 된다.
아주 쉬운 예로 일상으로 집에서 사용하고 있는 그릇을 통하여 살펴보자.
항상 특별한 용도에 필요하여 만들어진 용기나 기구들은 수많은 세월에 걸쳐서 발전되는 방향으로 진화하고 변경, 수정되어 새로운 모양을 하고 있고 현재의 환경에 사용될 수 있도록 적절하게 만들어 사용되고 있다.

Design은 필요에 의해 만들어진다　　　　　　　　　　　　　　　　　　　　　21

만약 현재에는 많이 사용되지 않아 그 기능이 필요하지 않은 용기나 기구는 쇠퇴하여 사라지고 만다.

이러한 과정을 통해서 우리가 추적해보면 성능, 모양 등은 조금씩 수시로 변화되며 다양한 필요성에 따라 적정한 목적에 맞게 기능을 중심으로 사물이 이용되도록 Design되고 설계되었다고 이야기하면 틀린 표현이 아닐 것이다.

'Design follow function'이라는 이야기의 의미는 용기나 기구 등뿐만 아니라, 모든 분야에서 계획되고 만들어져 현실적으로 필요로 하는 기능적 요구에 맞게 만들어져 이용되고 있다는 이야기다.

이러한 배경을 이야기 하면은 누구나 생각하고 표현하고 구성하며 Design하고 있으며 누구나 사고능력이 있으면 Design할 수 있는 재능을 소유하고 있다고 표현해도 타당하다고 생각된다.

만약 Design적 사고를 중심으로만 생각한다면 각자 필요로 하는 내용의 구성은 용도의 목적이 정확하게 이해되고 있으면 본인의 필요로 하는 내용 중심으로 더

정확하게 필요한 내용을 설계될 수 있는 것이지만 만약에 이러한 요구사항을 다른 사람의 필요한 내용을 반영하는 Design을 할 때는 기본적인 용도의 기능을 이해하는 데 상당한 노력이 필요하게 될 것이다.

만약 다른 사람이 대신하여 설계하여 필요에 만족하게 Design을 하려면 충분한 시간의 준비와 다양한 의견을 교류하여 서로의 이해가 충분히 교환되도록 노력하여 Design의 문제를 해결하는 것이 가능할 것이다. 누구에게나 만족하게 Design하기가 쉽지 않기 때문이다.

모든 사람의 능력은 창의력이 있어 용도의 기능성을 이해하면 누구나 필요로 하는 내용의 Design의 구성은 아주 쉽게 할 수 있다. 이러한 예를 통하여 보면 Design이란 어려운 것도 아니고 두려워 할 필요도 없다.

단, 우리가 사용 하고 있는 혹은 필요로 하는 모든 기구나 용기는 사람의 생활의 일부분에서 이용되기에 내구성, 편리성, 기능성 등을 기본으로 Design되고 또 아름답거나 좋아하는 기호성 등이 종합적으로 고려되어 만들어지는 형태를 갖추게 된다.
이러한 내용을 만족하기 위해서 우리는 어려서부터 배우고 터득하는 원리의 이해가 정리되어 있어서 힘과 균형, 크기, 효율성 등을 만족시키기 위해서 물리적, 수학적, 화학적, 생물적, 기하학의 지식이 연계되어 Design 된다고 생각할 수 있다.
이러한 기본은 유치원부터 배우기 시작하여 평생 동안 배우고 터득하며 지낸다.

Design은 필요에 의해 만들어진다

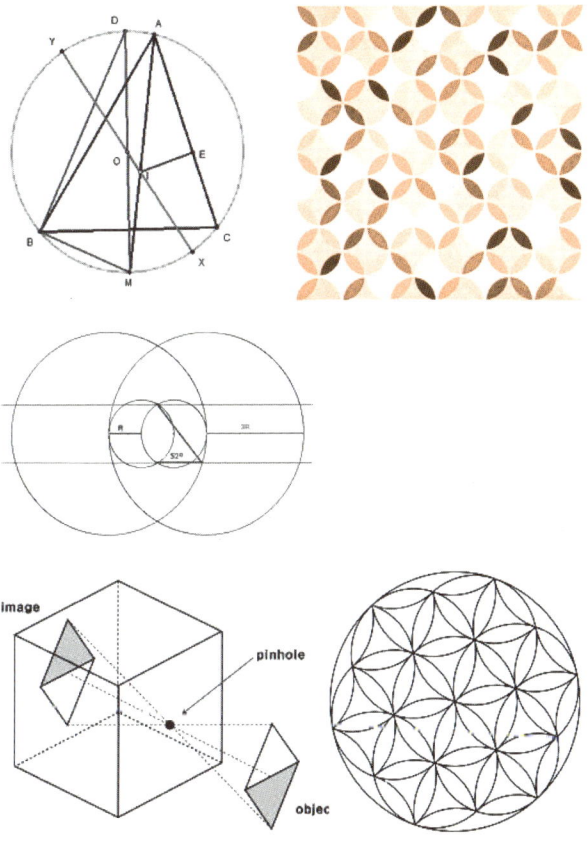

물리적 수학적 그림 표현의 예

04

전문지식과 창의적인 Design과의 관계

어려운 지식 배경의 전문 분야의 지식만 분리하여 생각하면 Design이란 무척 쉬운 것이다.

전문적인 분야는 평생 여러 가지의 방법으로 배우고 터득하여 한 분야의 특별한 지식이 여러 부분에 사용되기에 모든 사람이 일생에 거쳐서 특별한 전공부분의 자기 분야의 연구를 하여 전문적인 지원이 필요로 하는 분야에 전문지식을 필요로 할 때 결합하여 Design이 완성되도록 지원한다.

Design에서 기술의 필요성은 절대적인 경우가 대부분이다. Design에서 필요로 하는 분야는 기술분야, 경제

분야, 사회분야, 문화분야 등등 열거하기가 어려울 정도로 광범위하다. 이러한 분야는 필요한 부분이 분류되고 선택적으로 사용된다.

그러나 Design을 하는 경우 초기에 전문적인 분야의 이해할 필요가 없이 언제든지 재미있게 상상하면서 그림을 그리고 사물을 이해하며 새로운 생각을 할 수 있다. 그리고 기술이 필요하면 주위에 있는 전문인들의 지원을 받거나 협업을 하면 Design에 필요로 하는 지식의 도입으로 어려운 문재를 해결할 수 있다.

우리는 길을 걸으며 앞에 펼쳐지는 풍광을 보면서 아름답다, 재미있다, 이상하게 생겼다, 조화가 잘됐다, 자연스럽다, 보기에 좋지 않다, 화려하다 등등 항시 느끼고 생각하며 길을 거닐고 있다. 또 많은 경우에 편리하다, 불편하다, 복잡하다, 단순하다, 무엇인지 부족하다, 풍부하다 등도 느끼고 진느하다, 신질하다, 무섭다, 편안하다, 어둡다, 밝다, 상쾌하다, 음울하다 등 모든 것을 느끼며 도시의 모든 것을 보며 이해하며 또 그 나름대로 느끼고 이해하고 비교하면서 Design을 하고 있다.

이러한 Design은 누구나 쉽게 생각할 수 있는 것으로 오직 본인이 생각하고 있는 내용이 얼마나 위대한 Design을 하고 있는지 의식하고 있지 못할 뿐이다.

본인에게 순간적으로 떠오르는 상상의 그림 속에 기술과 전문적인 지식을 첨가하면 어느 누구도 실현해보지 못하였던 위대한 설계일지 누가 알겠는가.

우리가 생활하고 있는 도시의 모양은 다양한 사람이 참여하여 Design하고 설계하여 다양한 전문 종사자에 의해서 건설되어 사람들이 이용하는 건축물들이 세워지며 건축물들과 공원, 도로, 토목 구조물 등등의 모임이 도시라는 집합체를 만들고 길 위에 서 있는 다양한 만물상처럼 만들어진 형태들의 구성물들은 자연이라는 환경과 더불어 우리가 살고 있는 도시로 태어난다.

이렇게 사람이 생활하는 데 필요로 하는 내용을 구성하는 것은 수많은 사람의 참여로 만들어진 결과물이다. 이러한 환경 속에서 눈에 보이는 만물상 같은 사물을 통해 우리는 매일 경험하며 배우고 있다.

전문지식과 창의적인 Design과의 관계

이러한 환경 속에서 매일 내가 찾고 있는 물건이 어디에 있는지 또 내가 좋아하고 필요로 하는 것이 어떠한 모양과 내용인지 등을 찾는다. 길에서 찾는 다양한 상품을 비교하고 선택하며 다닌다.

예로 길가의 옷가게는 수많은 색깔의 옷들은 각각 다른 모양이 전시되어 여러 사람에게 필요하고 알맞은 재품을 재공하려고 전시되어 있다.

가게에는 계절마다 형형색색의 다른 모양을 전시하고 방문자에게 잘 보이게 조화롭게, 특성을 표현하여 질서 있게 전시되어 있어 지나가는 행인들이 쉽게 볼 수 있도록 하고 흥미롭게 하여 상가 내부로 유도하여 또 다른 여러 가지 상품을 고를 수 있게 설명하고 있다.

진열대는 구성한 사람이 본인의 창의적인 구성으로 손님에게 잘 보이고 아름답게 전시한 내용을 상가 앞을 지나며 구경하는 과정에 간접적으로 전시자의 안목과 창의성을 통해 자연스럽게 미적인 감각 등을 행인들은 배우고 받아드리는 경험을 하게 된다.

이러한 길거리의 다양한 상가들은 많은 요소의 흥미로

전문지식과 창의적인 Design과의 관계

전문지식과 창의적인 Design과의 관계

운 구경거리를 재공하고 다양한 전시들은 길거리의 도시환경이 된다. 이러한 구성이 특성화 되면 일반적으로 길의 성격이 표현되어 인사동 골동품길 혹은 가로수길, 명품길 등으로 불리게 되어 도시는 지역에서부터 시작되고 모여서 꾸며지고 이루어지어 그곳에서 삶의 행위와 조합하여 즐거움이 있고 아름다움이 있는 생활의 터전을 재공한다.

우리는 날마다 이러한 환경 속에서 Design에 대해 자연스럽게 배우면서 살고 있다. 그러나 우리가 Design이나 설계라는 용어를 이야기할 때 너무나 어렵고 전문가들만 하고 있는 분야라고 일반적으로 인식하고 있다. 단지 우리는 기술분야에 대한 해박한 지식이 충분하지 않아 어렵게 생각하는 것이지 Design 능력이 미약하다고 생각하고 있으면 근본적인 이해를 못하고 있는 것이다.

물론 단순한 Design에 기술이라는 전문적인 지식이 결합되어 완성되는 경우가 대부분이다.

Design이나 설계는 생활에서 분리시켜 생각할 수가 없다. 왜냐하면 모든 설계나 Design은 필요에 의해서 만들어지고 필요한 분야와 용도에 적합하게 만들어져야지 잘되었다고 평가할 수 있다. 이러한 내용은 보편적인 기준으로 Design이 완성될 수도 있고 또 특별한 목적으로 오직 하나의 기준으로 맞춤형으로 만들어지기도 한다. 필요에 의해서 만들어진다는 Design의 용어에 대한 이해는 실용을 중심으로 설명한 용어로 이해하기 바란다.

Design은 수많은 부분에서 이루어지고 다양한 분야에서 공동으로 표현되고 또 설명이 되어 사용되고 있다. 〈행복이 가득한 집〉이라는 잡지에 소개된 산업디자인과 교수님의 Design에 대한 인터뷰 내용의 일부를 인용하여 보겠다.

"Design이란 문제를 잘 찾아내고, 문제를 잘 해결하는 것"이라고 설명하고 있다.

"남다른 관찰력이 필요하다." 그는 설명하기를 "어떤 공간에 가든 '이건 불편한데 왜 그대로 두고 있지? 나라면 어떻게 해결할까?' 궁리하고, 가게에 들어가면

'내가 디스플레이를 한다면?'하고 생각합니다. 세상에 널려 있는 게 디자인 소재입니다. 누구라도 디자인 마인드를 지니면 자기 문제를 혁신적으로 변화시킬 수 있다고 봅니다. 그런 사람들이 바로 '달인'이지요."하며 이야기하고 있다.

그리고 교수님은 "모든 Design은 남을 위한 것입니다. 자기를 위한 디자인은 없습니다. 주부를 위한 것, 청소년을 위한 것 등 디자이너는 늘 대상을 염두에 둡니다. 남을 더 편하고 윤택하게 만들어주는 게 디자이너의 역할이지요."하며 Designer들이 하는 활동에 대하여 말하고 있다.

우리는 항상 내제되어 있는 욕망을 찾아 사물에 대한 이해를 하기 위해 무한한 탐구여행을 일생 동안 진행하며 지내고 있다. 그 배경은 비교적 단순한 논리를 복잡하고 다양한 이해의 혼조 속에 명료하게 정리하지 못하고 생활하며 연속적으로 진행되는 내용이 주위에서 항시 발생되고 있으나 모호한 판단이 자기 스스로 결정하고 선택하는 두려움이 내재되어 어렵다는 또는 모르겠다는 이야기를 하고 지내는 것이 아닐까 하고 생각한다.

가령 우리가 미술관이나 전시관에 들러 예술품이나 그림을 감상하러 방문하는 기회에 미술관에서 무슨 경험을 하게 되는가?

작가의 그림은 무슨 이야기가 담겨져 있을가 하고 스스로에 묻고 답하며 감상한다. 때론 작품에서 표현되어 있는 내용이 무엇인가 감성적으로 이해하기도 하고 또 막연하게 이해하지는 못하지만 작가가 표현하고 전달하려는 이야기가 그림에 작가의 진정한 의도가 담겨 있으러니 하며 전시된 그림들을 둘러보게 된다.

그림을 이해하러 방문하려는 목적이 미술관 방문의 목적이었을까?

많은 사람은 미술관을 찾아가는 목적은 그림을 보러 가는 것이 목적이었을 거다. 작가가 표현해 놓은 그림들은 작가가 의도한 내용의 이해보다 방문자와 소통하려는 목적이 가장 중요한 작가의 의도가 아닐까 하고 생각한다.

그림을 보면서 즐기고 상상하며 감상자 스스로 느낌을 갖게 되면 작품의 이야기는 충분히 전달되어 졌다고 보아야 할 것이다. 작가의 그림행위는 무의식이든 의식이든으로 분류를 시작하기 이전에 작가의 작품 세계는 작품의 표현의 표현을 통해 그 행위의 중심에는 의도가 반영되고 설계되었고 Design되었다고 설명할 수 있다.

이러하듯 설계나 Design 용어는 실용 중심이 아닌 분야에서도 동일하게 사용되고 표현되고 있다.

또 다른 방향에서 우리가 미술관에서 보고 느끼는 것은 무엇인가 생각해보자.

어느 미술관은 조용한 숲속에 자리하기도 하고 도심에 사람이 분주하게 다니는 중심 지구에 위치하기도 한다. 미술관 건물은 다양한 모양으로 건축물들이 있다. 오래된 역사적인 건물을 미술관으로 사용하는 루브르 미술관 같은 건축물이 있고 뉴욕 MOMA나 파리 퐁피두 미술관 처럼 새로운 현대적인 건물 일수도 있고 규모도 그 크기가 전시목적에 따라 다양한 크기로 건축

전문지식과 창의적인 Design과의 관계

퐁피두 미술관과 루브르 미술관

Modern Art Museum, NY

되어 있다.

예로 일상적으로 미술관을 찾아가면서 평상의 생활과 약간 다른 경험의 시간을 기대하며 우리는 이미 전시되어 있는 작품에 대하여 궁금하고 작가들이 표현한 내용을 보면서 작가의 생각을 이해하려 노력하고 작가와 서로 공감하려 노력하며 작품을 감상하려고 방문한다.

미술관에서 첫번째로 대하게 되는 입구 안내에서 전시회 관람하는 내용에 대한 설명을 접하고 미술관의 실내 분위기나 모양을 보며 전시환경을 느낀다.

내부 전시공간으로 들어가는 순간 전시된 많은 작품들의 전시구성을 보면서 전시에 대한 예비 분위기를 인식한다.

이러한 미술관에서 우리는 전시되어 있는 다양한 예술품을 감상을 시작하게 되는데 전시되어 있는 작품늘은 작가와 전시자의 의도된 방향으로 표현된 구성과 전시방법이 전시 방문자들이 쉽게 이해하고 느끼는 데 도움이 되도록 배열되어 있다는 것을 이해하게 된다.

이러한 전시는 전시자의 눈으로 보는 전시 Design이 전개되어 있는 형태다.

전시자는 그림 작가가 표현하고자 하는 의도를 전시자가 구성해 놓은 방법으로 관람자와 작가와의 소통을 도와 작품의 이야기를 전하게 된다.

전시장의 벽면 혹은 내부공간에 전시된 형태를 보면 벽에는 벽면의 크기와 균형이 조화롭게 그림의 크기나 전시된 작품들이 전시되어 있어 그 형태는 관람자들이 전시작품이 어떠한 방해도 받지 않고 작가의 의도를 느낄 수 있게 전시되어 있다. 여기에는 공통의 이야기로 작가와 관람자가 서로 교류하고자 하는 의도가 표현되어 있다.

만약 관람자가 전시된 예술품들이 전시장에 무질서하거나 복잡하여 너무 많이 전시되어 관람자에게 혼란이 느껴져서 균형이 안 맞는다 느끼게 되면 작품을 관람하면서 그 전시는 관람자가 잘 이해할 수 있게 전시되어 있지 않다고 평가를 하게 된다. 이러한 느낌을 관람자가 만약 갖는다면 그 순간 관람자는 그 전시공간을

전문지식과 창의적인 Design과의 관계   43

관람자의 의식 속에서 전시의 균형과 조화의 새로운 대안적인 구성을 하고 Design을 하고 있다고 본다.
항시 우리는 잘되고 못되고를 평가할 때는 비교되거나 참고되는 기준이 개개인의 내재된 의식속에 준비되어 있기 때문이다.
이러한 행위는 누구에게나 Design을 쉽게 할 수 있고 항시 우리는 어떠한 경우에도 새로운 경험을 통해 발전하는 Design을 할 수 있으며 이는 개개인 누구나 진행하고 있다고 봐야 된다.
Design은 전문가들만의 세계가 아니다.
글과 말로 설명되는 Design도 있다. 그러나 그러한 의미의 Design은 행위를 유도하거나 방법을 설명하여 글로 표현 기록처럼 되는 것이다. 이는 지금 우리가 이야기 하고 있는 설계나 Design의 의미와 내용이 다른 의미의 영역에 속한다.

전문지식과 창의적인 Design과의 관계

05

다른 의미로의 설계 Design

설계의 용어적 의미나 내용은 다양하게 사용된다. 기획적으로 계획하고자 하는 과정의 순서를 체계적으로 구성하는 행위를 설명하는 의미가 있다.
예로 여행에 관련하여 한 번 생각해 보면 흥미로운 사실을 우리는 발견하게 된다.
우리는 일상생활의 무료함에서 느끼지 못하는 새로운 환경을 체험하는 시간을 기대하며 종종 밖으로 여행하게 된다. 여행하기 전에 보통 준비하게 되는 것은 여행지에 대한 정보를 여러 방법으로 수집하고 찾아가는 여행지에서 경험하게 될 내용에 대한 기대를 하며 시

다른 의미로의 설계 Design

작하게 된다.

준비하는 동안에 방문지에서 일어날 경험을 상상하며 필요한 사항도 준비하여 여행지에서 알찬 시간이 되도록 한다. 특히 방문지에 대한 사전 정보를 확보하고 그곳에서 방문할 대상의 순서 등을 기획하고 방문지에서 보낼 시간을 계획하고 식사와 숙소는 어디에서 어떻게 할 계획을 하면서 여정에 차질이 없도록 비교적 치밀하게 준비한다.

이러한 과정은 쉽게 설명하여 여행 준비라고 말하지만 여행의 준비는 설계이고 Design이다.

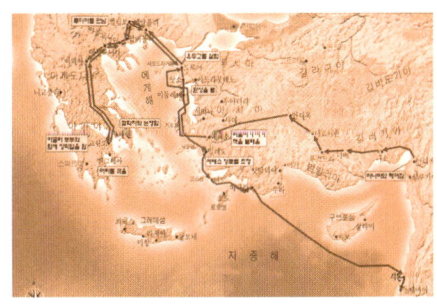

여행 중 우리는 풍광이 좋은 곳을 방문하면 그곳에 보이는 자연에 매료되는데 보이는 경치는 미리 상상했던 여행지의 풍광보다 훨씬 감명을 느끼는 것이 보통이다. 왜 우리는 이렇게 감명을 받을까. 여행 준비시 사전에 조사한 내용을 중심으로 예상한 기획적인 내용이 기대했던 것보다 좋은 결과의 만족함일 것이다.

이러한 경험은 다른 여행을 준비하게 될 때 종전의 경험을 통해 배운 과정에 추가적인 새로운 구상을 하여 조금 더 재미있고 좋은 여행 경험을 위하여 보다 충실한 여행계획을 작성하게 될 것이다.

우리가 상상하면서 머릿속에서 Design하는 Image의 내용은 의외로 구성이 단순하여 자연 속에서 이루어지는 다양한 자연에 대한 변화, 즉 햇빛, 바람 ,색갈, 모양 등의 다양하게 일어나고 있는 환경에 대해 예측하지 못하였기에 여행지에서 환상적인 느낌을 받는다.

우리 눈앞에 전개되는 경치는 보이는 풍광을 우리의 눈 속에 다양한 구도로 연속적으로 구성하면서 즐기게 된다. 우리 눈으로 보고 있는 경치의 구도는 스스로

다른 의미로의 설계 Design

방문지에서 찍은 사진의 구도 속에 나타나며 사진 속에 선택된 풍경을 보면 우리 스스로 만들어내는 탁월한 구성의 Design 능력이 내제되어 있다는 사실에 대해 놀라게 될 것이다.

어느 수필가의 수필집 이름이 『계절을 여행하다』라고 이름 지어져 있다 '계절을 여행하다' 라는 내용을 듣는 순간 우리는 그간의 경험을 통한 상상과 기대를 하게된다.

이렇게 다른 계절을 생각하면 봄에는 아름다운 꽃이 생각나고 꽃들은 다양한 색깔로 나타나 아름다움을 보여주고 또 여름은 맑은 하늘 또는 높은 뭉게구름, 가을은 화려한 색색의 단풍, 겨울은 흰눈이 덮힌 산들이 눈앞에 전개된다. 이 수필집 이름에서 하고자 하는 이야기는 물론 변하는 자연에 대한 이야기이지만 그 환경에서 느끼는 감성적이 내용의 표현이 숨겨서 있다고 이야기한다.

이렇게 피부로 느끼고 또 느낌으로부터 만들어지는 감성은 우리를 상상의 세계로 유도하고 그 속에서 창의적인 구성을 통한 Design이 자연스럽게 만들어지고 있다.

우리는 간접적으로 여러 순간 상상의 대상을 생각하며 형태적으로 구체적인 내용이 정리되어 있지는 아니하지만 무엇인지 머릿속에 꾸미고 있다. 상상의 세계는 비록 막연하지만 그러한 생각이 어느 순간에 나도 모르게 준비된 것처럼 형성되어 다양한 방법으로 표현되기도 한다.

이렇게 우리의 일상은 연속적으로 Design되는 삶이고 생활이다. 이러한 상상의 세계는 신기하게도 입체적인 방법으로 구성되어 있고 그러한 상상의 공간은 계속해서 변하고 있다.

진행형의 현상을 구체적으로 표현 하고 전달하고 저하는 목적으로 평면적으로 2차원적인 표현을 하고 3차원적인 형태로 설명하여 상호 교류하고 전달하므로 사람 사이에 서로 소통을 한다.

다른 의미로의 설계 Design

06

Design은 눈에 보이는 데부터 시작된다

단순히 상상만 하며 Design하는 것만 아니다. 실생활에서도 Design에 대한 대단한 지식과 느낌을 가지고 헤아릴 수 없이 다양한 선택을 매일 하고 있다. 실생활에서 많은 것을 구매하고 선택하는데 구체적인 선택의 결정을 하는 데는 필요한 선택을 위한 사전준비에 많은 시간을 보낸다.

Designer들도 동일한 과정으로 사물을 관찰하고 유용하게 사용될 수 있게 Design에 접근한다. 생활 관련 제품들의 Design 과정은 사용자의 요구를 충분하게 이해하고 수요자와 서로 공유하며 진행된다고 이해하여야 한다.

이러한 이해의 기초를 배경으로 사람으로 부터 Design 의 선택을 받고자 창의적인 생각을 전개한다.

전문적인 Designer들은 헤아릴 수 없는 수량의 일상생활 관련 제품을 설계하여 수요자에게 공급하고 있다. 한 가지 예로 단순한 병을 한 번 생각해보자. 병은 일정한 양의 액체를 담은 용기인데 다양한 모양, 색상과 재료로 만들어져 있다.

술병의 모양은 유리의 모양, 병의 곡선, 병의 크기 등 등 과 더불어 병 외부에 잘 Design된 Label로 치장된 모습 등은 내용물에 대한 설명이면서 선택하는 사람과 소통하여 Designer의 Idea로 Design된 방향으로 선택되기를 바라며 제작하였다.

그 결과는 선택하는 사람의 판단에 의해서 선택되는 결과를 가져오게 된다. 이러한 과정이 창의적인 생각을 다른 사람과 공유하는 흐름이라 볼 수 있다.

실용의 필요가 만들어내는 Design은 헤아릴 수 없이 많다. 실생활에서 대체로 필요한 용도에 적절하게 사용

54

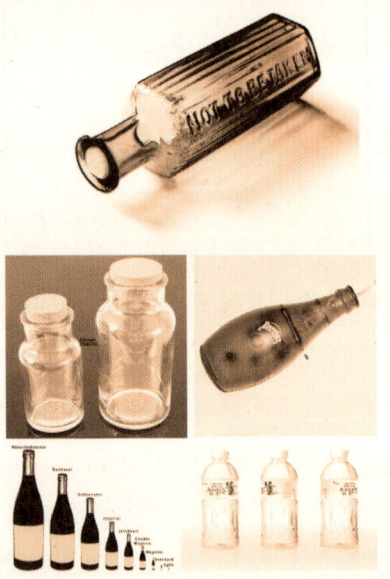

될 수 있도록 제작된 도구를 사용하고 있는데 이러한 많은 도구들은 필요에 알맞게 Design되고 제작되어 편리하게 이용될 수 있도록 만든 Designer의 세심한 관찰과 연구의 결과물이다.

내 스스로 미국에서 생활시 경험을 이야기하면 어느 날 새로 이사한 집의 창문을 열고자 했으나 그 창은 오래전에 Paint를 너무 많이 발라서 움직일 수 없이 붙어 버려 창문을 열지도 고치지도 못하였으나 문제해결을 위해 가만히 생각해보니 이 문제가 나만 경험하는게 아닐텐데 하면서 누군가 해결방법을 찾아 놓았으리라는 생각과 함께 집수리 도구를 파는 Hardware가게에 가보니 너무나 간단한 기구로 아주 쉽게 해결이 되는 도구를 찾아 창을 고치면서 누가 이렇게 좋은 기구를 Design해서 문제 해결이 쉽게 만들었을까 하고 탄복한 적이 있다.

보기에는 쉽게 생각할 수 있으나 기구를 생각한 Designer는 여러 시도 중 제일 간단하고 편리하게 제작된 기구를 선택하고 여러 사람에게 편리함을 제공했다.

우리가 살고 있는 도시도 다양한 면으로 구성되어 있는 입방체로 구성되어 여러 가지의 형태와 색상으로 형성되어 있어 다채로운 모습으로 보이게 되었다.

도시는 생활공간으로 이루어져 사용되는 공간은 생명체가 활동하는 곳으로 만들어진다.

사물의 구성은 선들이 모여 면이 되고 면이 모여 입방체가 되어 공간이 이루어지는데 이 입방체를 이용할 수 있는 크기의 공간이 형성되면 건축물이 되기도 하고 사람이 사용하는 용기도 된다. 이러한 내용물의 만들어진 면에 색상을 더하면 아름다움이 다양한 모습으로 표현될 수 있다. 아름다움을 느낄 때에 나도 그리어 보고 표현하고 싶어진다.

처음에 우리가 생각하는 것을 표현할 때 최초의 선택은 선이다. 선을 그려 연결하면 모든 모양이 평면적으로 표현된다. 평면의 모양은 형태를 갖추게 되며 또는 연결하여 만들어진 형태의 변화에 따라 다양한 모습으로 전개된다. 이렇게 단순하고 간단명료한 구성은 우리가 만들거나 생각하는 Design의 시작이다.

그리고 표현하는 데에는 특별한 형식이나 방법이 필요가 없다.

본인이 그릴 수 있는 방법으로 표현하여 의도하고 설명하고 싶은 내용의 Design이 다른 사람에게 전달되어 서로 의견을 교환할 수 있으면 Design의 표현이 충분하게 만들어 것으로 이해하면 된다.

눈에 보이는 것을 표현하려고 생각하면 단순하게 그리면 된다. 굳이 명화를 그릴 필요는 없다고 생각한다.

우리가 이야기 하고 있는 설계나 Design은 어디에서부터 시작되는가.

우리가 생활하고 있는 도시 속에는 무궁무진한 내용의 사물이 사람으로부터 창조되어 구성되며 창조 또 재창조가 진행되고 있고 자연환경과 어우러져 생명력을 유지 하게 되는데 우리는 계속해서 새로운 Design으로 날마다 변화시키고 있다.

이러한 면으로 보면 Design은 자연으로부터 시작된다는 표현이 타당하리라고 본다. 자연의 변화는 사람의 행위 밖에서 스스로 변화하며 우리의 환경을 지배하고 있다.

자연의 능력은 사람의 창조적인 능력으로는 도전이 불가능한 세계이라고 본다. 그러나 우리는 자연의 섭리에 다가가기 위한 무한한 노력을 하고 있다고 본다.

도시를 생각하며 배워보고 우리가 하고 싶은 내용을 찾아보자.

많은 사람이 생활하며 오랜시간 동안에 형성되어진 도시는 많은 사람들이 만들어 생활하고 있는 도시로 좋

Design은 눈에 보이는 데부터 시작된다

은 삶의 터전을 꾸미기 위해 건축가와 기술자들이 설계하고 계획하며 많은 노력을 하고 있는 곳이다.
이렇게 꾸미어진 도시는 도시의 구성은 선으로부터 시작되고 도시의 사물은 점, 선, 사각형, 삼각형, 원, 곡선 등이 어우러져 구성하여 형태를 만들고 있다. 또 자연은 여러 가지 다양한 모양의 형태가 자연스럽게 이루어져 아름답게 구성되어 있다.
도시에 나타나는 수많은 색채는 표현할 수 없이 아름답다. 자연이 가져다주는 형태는 너무나 아름다워 자연의 일부분 속에서 생활하고 싶고 소유하고 싶은 마음을 사람들에게 심어준다. 우리는 이렇게 찬란하고 아름다운 모습의 현란한 모습들을 일상생활에 도입하여 생활의 일부로 사용하고자 꾸준히 노력한다.
이것이 바로 설계나 Design에 도입하여 사용하고 응용하려는 모습이다.
우리의 생활공간에서 시각적으로 전개되는 형상은 너무도 많은 요소들의 복합으로 완성되어 있는 형태를 가지고 있어 이러한 현상의 내용을 단순하게 분석적으로 해체하여 선 혹은 면으로 쉽게 나누어 보기는 어렵다. 이 부분은 예리한 생각과 이해의 훈련에 의하여 볼 수 있는 기본능력이 만들어진다.

그러나 자연의 모습은 우리에게 편하게 느끼게 하는데 자연이 가지고 있는 모습은 도시에 견줄 수 없도록 더 많은 변화되는 현상을 자연으로부터 보게 된다. 자연의 형태는 선으로 면으로 구성되어 있으나 그 형태는 복잡한 구성이 연속된 곡선으로 만들어져 있다.

우리가 스케치나 그림으로 표현 하려고 시도하지만 자연이 가지고 있는 변화무쌍한 곡선들을 모두 표현하기 어려워 자연을 그림에 담기가 어렵다.

그러나 그 내용을 보면 자연은 체계적이고 규칙적인 형태의 반복적인 구성이 기본으로 만들어진 것을 과학적인 분석에 증명되었다. 그러한 형태는 헤아릴 수 없는 구성의 변화로 다양하게 만들어신다.

자연이 만들어진 형태와 색상은 오묘하여 사람의 표현을 재생하기가 어려울 뿐만 아니라 주위 환경과 더불어 존재하는 조화는 환상적인 자연의 창조물이다. 이 모든 조화를 인간은 사진처럼 기억에 넣을 수 있는 능력의 한계가 있어 비교적 단순화된 기본의 형태를 도형화하여 기억하고 표현한다.

이러한 기억과 경험은 우리에게 재창조하려는 노력 속에 자연환경에 근사하게 모방하여 우리의 생활과 연계되는 환경을 도입하려 하며 일련의 반복되는 시도에 의해서 아름답게 꾸미는 과정이 Design 속으로 도입되고 형태적으로 완성되어 이용된다. 이러한 환경들이 우리들을 Design하는 세계로 이끈다.

자연을 현미경적인 접근에 의한 분석은 복잡한 체계적인 조직이 질서 있게 구성되고 그 구성은 신비하게 균형의 조직을 가지고 있어 완전한 형태로 존재한다. 이러한 구성과 체계는 우리가 살고 있는 도시에서도 나타나고 있어 직접 체험하고 있다.

Design은 눈에 보이는 데부터 시작된다

07

Idea를
개발하는 틀

Idea를 큰 틀의 기본에서 시작하여 상세한 내용까지 점진적으로 개발하는 방법을 이해하는 데 다음에 간단한 내용으로 도시가 가지고 있는 큰 틀을 기본으로 예를 들어 보면 기본적인 개발과정에 대한 이해에 도움이 될 것이다.

도시를 시작으로 주거시설까지 좁혀 살펴보자.

거대한 도시에는 다양한 사람이 같이 생활하고 있고 도시는 이러한 다양한 사람들이 필요로 하는 기능이 연계되어 거대한 사회를 만들고 있다. 그러나 하나의 개인이 도시에서 생활하고 체험하는 생활의 반경은 개인의 생활과 활동영역 공간에서 제한적으로 이용되고 있다.

우리가 살고 있는 공간을 생각하여 보면 일상생활하는 다수의 사람들이 거대한 도시사회를 만들고 그들의 생활은 도시의 구성요소이고 개인의 생활에 부분적으로 연계되어 지역적인 범위 내에서 개인의 영역이 만들어진다.

그러나 개인의 생활공간은 날마다 일정한 영역의 거리 안에서 반복되는 일상생활을 하고 그 개인의 생활은 필요한 공간 내에서 유기적인 연계와 편리한 영역 속에서 활동하고 있다. 살고 있는 공간의 근거리 생활영역은 개인의 생활공간으로 개인의 주거공간과 연계되어 선택된 범위 내 지역에서 생활한다.

개인의 가정은 주택이라는 생활공간이 만들어지고 이러한 공간은 가족의 구성에 따라 필요한 규모의 선택적인 공간에서 편리함과 안락한 생활을 영유할 수 있는 생활공간으로 거주에 필요한 주거공간이다.

주택에서 방들을 꾸미고 가구를 배치하는 내용을 한

번 살펴보자.

개인이 사용하고 있는 침실을 보면 개인공간으로 개인의 취향에 맞게 꾸며 스스로 생활의 안락함을 유지할 수 있도록 침대, 책상 등의 가구를 배치하고 책상에는 개인이 사용하는 책 혹은 집기들을 적절하게 배치하면서 항시 편리하게 사용할 수 있게 정리한다. 또 단순히 사용에 맞게 배치되는 것과 동시에 시각적으로 방의 아름다움을 유지하게 수시로 조정하기도 하며 방에 걸어 놓게 되는 달력 혹은 사진, 그림을 적절하게 매달아 방의 조화를 개인의 취향에 맞게 구성한다.

이런 과정을 우리는 개인적인 취향이라고 생각하고 말지만 이러한 구성의 기본은 본인이 잠재적으로 소유하고 있는 Design 능력의 표현이다. 사람이 잠재적으로 소유하고 있는 인지적인 감성은 무한하다.

이러한 일련의 과정을 보면 우리는 쉬지 않고 Design하고 있으며 이과정의 결과는 개개인이 훌륭한 Designer처럼 만들 수 있다.

Design이라는 용어는 전문적인 활동을 하여 공공적

Idea를 개발하는 틀

혹은 상업적 활동을 중심으로 많은 분야에 적용하여
활동하여 전문가들의 전유물처럼 인식되지만 그 용어
의 기본은 새로운 생각이나 내용을 표현하는 행위를
이야기하는 비교적 단순하게 생각할 수 있는 용어로
모든 분야에 사용되는 용어다.
그러면 개인의 공간인 소규모 공간에서 한 단계 발전

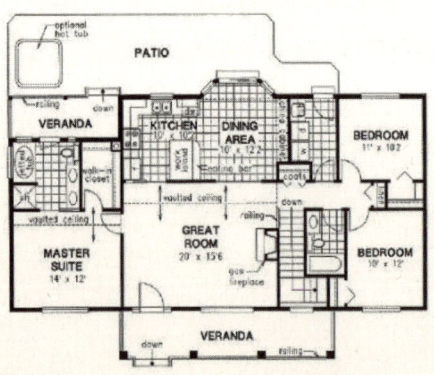

한 식구들이 공유하고 생활하며 개인공간과 가족구성원의 공용공간이 연계되는 주택의 내부 구성을 생각하여 보자.

또 주택에서 거주공간을 나눠 보면 거실, 침실, 부엌, 욕실, 현관, 창고, 다용도실 등 세부적인 기능의 공간으로 구성되고 이러한 기능의 의미는 우리가 생활하는 데 필요한 용도에 따라 규모의 크기가 설정되고 공간 배분의 균형이 조화롭게 구성된다.

주택의 기본은 식구들이 생활하기에 필요한 최적의 안락함을 유지하기 위해 공간의 크기가 허용되는 규모 내에서 최선의 조화를 이루도록 배치되는 Design을 가족구성원들과 공동으로 꾸민다.

이러한 일련의 과정을 통해서 본인이 가지고 싶은 주택의 평면은 완성된다. 주택 Design에 고려하는 사항이나 방법은 여기에서 설명하지 않는 것으로 한다.

우리가 사는 도시는 어떻게 만들어지고 구성이 될까? 우선 살고 있는 동내를 살펴보면 비슷한 규모의 주택들이 모여 동내를 구성하고 동내에는 주민들이 필요로 하는 편의시설들이 가까운 거리에 편리하게 이용되도록 여러 가지의 형태로 도입되어 적정한 규모의 시설들이 있어 하나의 동네를 꾸미고 있다. 도시는 이러한 주거규모의 반복적인 구성으로 만들어진 것이다. 그리고 도시는 다양한 복합기능이 체계적으로 연계되어 삶의 공간에서 각각의 기능을 연계하고 있어 우리가 불편하지 않는 생활 할 수 있다.

앞에 설명한 자연의 구성적인 체계와 우리가 생활하고 있는 도시구성의 체계는 대동소이하다고 본다. 이러한 체계적인 구성은 다중구성의 공존하기 위한 체계로 많은 인구가 공존하기 위한 개인영역의 연계와 균형이 유지되어 혼합과 혼재의 틀에서도 생활의 방향성을 유지하고 생활할 수 있다고 본다.

이러한 형상은 우리가 흔히 보게 되는 개미 혹은 벌들의 생활을 통해서도 유사한 체계에 의한 공동생활에서도 관찰된다.

이 부분의 설명은 우리가 생각하는 Design의 개발과정의 단계는 몹시 체계적이고 단계적인 과정의 사고개발이라는 순서에 의해 만들어질 수 있고 이러한 과정의 훈련으로 매우 복잡하고 다양한 내용의 사물에 접근하는 요령이 단순화되는 과정에서 개발될 수 있음을 이해하게 된다.

이러한 과정처럼 큰 틀의 Idea에서 조금씩 상세하게 접근하는 방법이 있지만 그의 반대로 조그마한 동기에서 시작하여 큰 틀로 발전하여 종합적인 Idea를 완성하는 경우도 있다.

표현

이제까지 설명된 내용을 기본으로 개인적으로 생성되는 Idea를 표현하는 Design에 대하여 재한적인 방법이지만 접근하여 보자.

우리가 인지하게 되는 사물에서 크다, 작다, 가볍다, 무겁다, 매끄럽나, 거칠다, 이름답다, 못생겼다 등의 표현을 하고 이러한 사항을 인지하고 평가하게 되는 것은 개인적으로 경험적으로 쌓인 인지능력과 축적된 기준에 의해 상대적 비교 기준으로 평가하게 되는 표현이다.

그런데 예로 가볍다 하며 평가하는 순간 그 사물과 유사한 범위 내의 보편적인 평균의 기준이 설정되고 유사한 사물과의 차별적인 요소를 순간 검토하게 되고 이러한 과정은 개인적인 인지의 범주 내에서 만든 결론이다.

새털보다 가볍다 할 때 일정한 부피의 사물이 다른 사물의 평균적인 경험의 기준으로 일정한 무게의 경험이 존재하게 되는데 이보다 예상 밖으로 훨씬 가벼울 경우 아주 가벼운 경험을 표현한 것이다. 가볍다는 표현은 상대적으로 비교되는 기준이 존재하기에 설명될 수 있는 표현이다. 이러한 표현의 기본은 감각적인 인지로 평가할 수 있는 것이다.

그러면 물리적인 형태로 형성된 사물에 대한 판단의 표현은 어떠할까. 물리적인 형태는 수학적 혹은 과학적인 기본을 두고 시각적인 판단을 가능하게 완성 혹은 미완성 형태로 존재한다. 이런 형태의 특성은 형태와 기능이 동시에 존재한다.

우리가 이용하는 소형의 공간부터 규모가 대형화되어 건축물이 되고 건축물들이 모여 도시가 되는 것이다. 이러한 구성들은 집합적으로 모여 새로운 환경을 만들어져 조형적이고 물리적으로 형태가 된다. 이러한 다양한 종합으로 구성되는 공간의 내용과 성격은 짧은 시간에 설명될 수 없도록 복잡한 내용으로 만들어진다.

Design의 발전되는 과정은 한사람의 Idea로부터 시작하여 많은 전문분야의 관련자들이 함께 완성하는 것이다.

Design의 Idea가 태동하는 시점에서는 어느 한 사람으로부터 시작되거나 혹은 여러 사람으로부터 필요성이 대두되어 개발되고 발전하는데 이 과정에서 Idea의 완성을 위해 여러 분야와 협업하는 것은 일반적이다.

우리가 Design이란 용어를 대할 때 이 용어는 무척 단순하고 쉬운 용어라고 생각이 된다. 모든 사람이 가볍게 생각하고 표현하면 누구든 무엇이든 표현할 수 있다.

Design은 선천적인 감각이나 특출한 능력을 소유한사람만이 잘할 수 있다고 생각하면 몹시 잘못 이해되는 말이다. 그러나 Design을 하려면 섬세한 관찰을 통한 접근이 필요하고 사물에 대한 호기심과 체계적인 논리의 정리를 통해 생각을 명료하게 표현하면 누구나 할 수 있다.

우리가 일상생활에서 사용하는 비교의 용어적 의미는 우열을 가리는 결과로 귀착되는 경우가 일반적이지만 어느 경우에는 불편하게 느껴지기도 하는 용어의미로 변하기도 한다. 그러나 비교라는 용어의 의미는 연속적인 변화와 발전의 동기를 부여하기도 한다.

사물이 독립적으로 존재하지 않고 둘 이상의 사물이 존재하면 서로 비교하게 된다. 비교와 다른 용어에서 조화라는 용어의 의미는 다른 두 가지 이상의 사물 혹은 형태를 갖고 있는 것을 비교하며 균형을 갖추어 조화롭다는 혹은 조화롭지 않다 표현을 하기도 한다.

이러한 비교평가는 객관적인 사실을 기준으로 한 결과를 기대한다.

평가의 선택 중 개인의 주관적인 감성의 영향으로 보편

Idea를 개발하는 틀

적인 선택이 되지 못하는 경우가 흔하게 존재한다. 이럴 경우에는 객관적한계의 애매함을 보게 된다.
그러나 비교는 또 다른 비교를 만들어 창의적인 사고력에 연속적인 동기를 부여하고 균형과 조화를 통해 만족이란 욕구의 결과에 꾸준히 접근하려 노력한다.
만족이라는 느낌은 언어로 단순 명료하게 설명하기는 어려운 표현일지도 모른다.
그러나 물리적 환경에서의 느낌을 중심으로 만족하다는 표현이 이루어 질 때는 의외로 경험을 통한 근거를 기본으로 하는 경우가 많다.
일반생활 동안 우리가 장시간 경험하는 과정에 축적된 평균기준을 중심으로 비교하여 상대적인 평가로 이루어지는 내용일 것이다. 이러한 비교는 창의적인 사고에 접근하게 하는 동기가 될 수 있다.
비교는 선택적 사고의 시작이기도 한다.
선택적 사고는 구체적인 모습으로 나타나기 시작하고 이러한 구체적인 내용이 목적하는 방향과 기능적 결합을 통해 복합구성이 되면 형태가 나타나기 시작한다.

이러한 경험의 축적은 개인의 잠재되어 있는 지능개발을 지속시킨다.
이제부터 건축 이야기를 해보자.

08

건축의 설계는 Design과 기술이 융합하는 기본을 가지고 있다

설계는 기본적으로 사용되는 공간을 만드는 것이다. 완성된 공간은 이용자 별로 편리하게 또 만족스럽게 사용되어 그 기능을 유지하게 된다. 그러므로 설계에는 목적하는 방향과 이야기가 스며 들어 있다.

예로 우리가 찾아가 즐기는 coffee shop을 예로 생각하여 보자. 우선 찾아가는 coffee shop에서는 좋은 Coffee를 당연히 준비하여 찾는 고객에게 만족을 주어야 되고 그 coffee shop의 내부는 때론 빠르게 Service하게 기능적인 구성이 필요할 것이고 찾는 이가 마시고 휴식하는 공간으로 편하고 안락함을 주는 즐거운 공간이어야 할 것이다.

이것이 Design 방향이다.

설계라고 하는 용어는 분명 목적하는 방향이 있고 그 방향은 사용자가 만족하는 공간이 되어야 한다. 설계자는 이용하는 사람이 필요로 하는 내용을 이해하여야 되고 동시에 설계된 공간에서 이루어지는 모든 기능이 순조롭게 효율적으로 행하여지도록 구성되어야 한다.

예로든 coffee shop에서 부분별로 나누어 생각하여 보자.

물론 Coffee shop에서는 맛있은 커피를 제공한 것이 무엇보다 우선이지만 Coffee는 기호식품이기에 Shop의 분위기 등 꾸밈도 중요한 가게의 요소로서 역할을 한다. Coffee shop의 주인은 설계를 필요로 할 때 본인이 원하는 Coffee shop이 상업적으로 활성화되어 경제적으로 목적하는 방향에 만족할 수 있게 완성되기를 기대하게 된다. 또 Coffee shop에 찾아오는 고객이 주로 젊은 사람이라고 하면 젊은이들의 감성에 맞는 환

건축의 설계는 Design과 기술이 융합하는 기본을 가지고 있다

경을 만들어 그들이 즐길 수 있게 사용되도록 요구하게 된다.

그러면 설계자는 젊은 사람들의 취향과 성향을 충분히 이해하여 실내환경을 창조하는 Interior를 꾸미고 가구의 선택, 실내 재료 및 색상, 조명 등을 선택하여 젊은 감성이 녹아드는 설계를 하면 고객이나 Shop 주인이 만족하고 영업이 잘되는 시설로서 존재하게 된다.

이러한 내용은 여러 사람이 공감하고 소위 분위기 있는 Coffee shop으로 타인에게 추천하기도 한다.

이러한 과정은 설계자의 의도에 의해 창의적으로 구성된 공간이 다른 사람과 공유하게 된다. 공유하는 창의적인 결과가 많은 사람과 공유하게 되면 성공적으로 Design되었다고 표현할 수 있다.

09

설계

설계라는 용어의 의미, 건축이라는 용어, 건축물이라는 용어는 설계라는 시작점으로부터 건축물로 완성되는 물리적 결과물까지의 연속적 행위로 진행되는 과정이다.

설계는? Design은? 두 용어의 이해는 사람마다 이해와 느낌이 다를 수 있다.

설계는 창의적인 무한한 상상 속에서 행위가 시작되며 생각으로부터 발현된 내용을 다양한 방법으로 그려 무엇인가의 형태를 표현한다. 무엇인가에 대한 시작은 때론 막연하여 구체성이 완성되지 아니하지만 발전되는 과정에서 점진적으로 구체화 되는게 일반적이다. 사람의 생각은 순간적인 상상 속에 존재하나 완성된 사물을 순간적으로 쉽게 완성하지 못하는 한계를 가지고 있다. 그러한 한계를 해결하려면 수많은 전문 지식의 지원과 결합으로 필요한 요소의 해결방법이 필요로 하고 형태 구성을 위한 기본은 과학적인 기술 전문지식으로부터 방법으로 찾게 된다.

창의적인 생각은 개발과정에서 전문분야와 융합을 통해 기술과 과학분야의 지식과 공유하여 구체적으로 사물을 완성하고자 필요로 하는 지식의 지원으로 이루워진다.

앞에서 이야기한 coffee shop을 기준으로 접근하여 보자.

coffee shop은 목적하는 내용의 구성이 Designer가 배치, 설계를 하고 확정하였으나 그 공간의 조명 등 보조적인 내용의 구성으로 coffee shop의 공간 느낌이 감성적으로 연출되어 다른 다양한 환경이 된다. 효과적인 조명은 공간이 안락하게 혹은 상쾌하게 등등 조명의

설계

효과적인 연출로 Designer가 실현하려 하는 공간의 느낌을 완성하게 되어 이용자에게 좋은 느낌을 준다.

더불어서 공간에 설치되는 장식이나 다양한 악세사리 등 이 조화롭고 Unique한 공간 연출에 보조적으로 효과적인 공간연출에 중요한 요소로 작용하기도 한다.

만약에 그 coffee shop에 찾아온 손님에게 감미로운 음악이 흘려나와 즐기고 있는 고객의 마음에 스며든다면 얼마나 좋은 느낌의 coffee shop일까.

이러한 창의적으로 시도되는 연속적 요소들의 접합은 Design이 단순히 평면적이고 물리적인 형태에 그치지 아니하고 실현된 공간에서 연속적으로 일어나는 행위는 공간이 살아 숨 쉬는 공간으로 창조되는 것이다.

또 Design에서 중요한 요소로 작용하는 것은 자연환경이다. 만약 계획하게 되는 Coffee shop의 위치가 수려한 자연환경 속에 위치하면 조화로운 형태가 자연과 어우러져 아름다움을 더하게 된다. 자연환경의 아름다움을 coffee shop 내부에서 밖으로 보이는 아름다운 경

설계

치는 방문자에게 시각적인 즐거움을 주게 되어 무한한 만족감을 느끼게 할 것이다.
설계자에 의해 연속적인 창의적 사고를 중심으로 구성되고 실현된 결과는 설계자의 감성을 전달하는 이야기책과 동일하고 이 실현된 공간 이용하는 이들이 동일하거나 비슷한 느낌을 소유하게 된다면 글로 전달하는 아름다운 소설과 같다.
설계자가 의도한 내용은 왜, 어떻게 창조하였는지 느낌이 공간 속에 있기 때문이다.
예로 만약 Restaurant을 선택하게 될 때 첫 번째의 고려사항은 당연히 음식이겠지만 그와 동일하게 고려되는 것 또한 실내분위기와 Restaurant 위치다. 만약 조용한 공간과 품위 있는 분위기 있는 식당 혹은 즐거운 광경이 일어나고 있는 식당 등 다양한 성격의 실내 구성이 식사하는 동안 음식의 맛과 더불어 즐기는 중요한 환경이 되기 때문이다,
이렇게 공간의 주 기능, 즉 Restaurant의 음식을 손님에게 미각적인 경험을 시작하기 전에 시각적인 환경으

설계

로 음식의 맛에 대한 기대와 음미 이전에 실내공간의 환경연출에 의해 음식에 대한 기대를 상승시키는 효과도 유발하게 된다.

설계는 기획과 같은 의미이기도 하며 이러한 내용의 설계의 예를 보면 Party planner들이 계획하는 Program들이 해당하는 것을 보게 된다. Party에 모이는 사람들을 위해 그곳에서 일어나는 내용중심의 기획을 하여 참여자들이 즐거운 시간을 갖을 수 있도록 순서를 기획하고 준비하는 과정은 Design에 해당한다.

이러한 기획적인 내용은 구체적으로 물리적 형태를 갖춘 Design과는 전혀다른 과정을 준비하는 무형의 Design이다. 또 사업을 기획하는 것이 Design되는 예로 종합 위락시설과 같은 사업을 기획하는 Design의 내용도 유사한 무형적인 기획이다. 시설의 내용을 조합하고 Program을 만들어 추진된 시설이 방문자들이 이용하는 내용을 정리하여 사업의 체계를 만드는 행위를 이야기 한다.

설계와 Design에 관련하여 종종 물리적인 Design의 내용과 기획적인 내용이 혼합되어 실현되는 의미의 Design이 중요하게 나타난다.

근래에는 시설의 기능적 구성에서 용도의 조합과 배열로 특성화되는 구성을 연출하는 내용이 중요한 조건으로 설계되는 경우도 있다. 이러한 Design 관련하여 쉽게 이해되는 시설의 예를 들어보자.

많은 사람이 서점을 이용하는데 서점에는 다양한 분야의 서적이 공급된다. 서점에서는 방문자에게 잘 체계화된 분류와 전시로 서점을 찾는 이에게 쉽게 접근하여 필요로 하는 서적을 구입할 수 있게 정리하고 있다.

도서의 배열 방법 등 분류에 대한 체계에 대하여는 도서관 관련 많은 분류체계에 의한 규칙과 방법을 도입하기도 하지만 서점의 특성에 따라 대상으로 하는 대다수의 이용자의 성격과 특성에 맞게 구성한다. 학교 근방의 서점은 젊은 학생이 주로 필요한 지식배양이나 수업 관련 서적을 우선시하는 배열을 할 것이다.

그러나 교보서적 같은 대형 서점은 많은 사람이 다양한 서적을 찾는 곳으로 다수의 사람들이 쉽게 접근하

설계 89

여 찾을 수 있도록 배치하지 못하면 방문자에게 많은 혼란을 주고 불편한 경험을 하게 될 것이다.

이러한 경우는 배열방법에서 통계적 체계를 중요한 기본으로 배치되고 특수한 경우에 창의적인 임의성보다 일정한 규칙을 도입하여 수요자의 공통된 경험을 이용하게 되는 배치도입도 설계의 일부다. 배열뿐만 아니라 서가의 크기와 균형이 중요한데 설계의 규칙 등은 다음 기회로 미루자.

서점은 전통적으로 서적을 구매하는 곳으로 구성되어 이용되었지만 최근의 서점에는 다양한 기능의 복합 시설로 변하였다. 전통적으로 책만 구매하는 장소에서 도서관의 일부처럼 혹은 글을 읽는 휴식공간으로 변화되고 서적뿐만 아니라 음악관련 자료 CD, DVD, 문방구등 글을 쓰는 도구를 구입하는 장소도 포함되며 일부 장식을 위한 자료실 및 예술품을 쉽게 구입하고 간이 상영실 및 음악실도 포함되기도 한다. 물론 방문자의 편의를 위하여 Coffe shop 및 가벼운 식사까지 제공되는 공간이 배치되기도 한다.

이러한 복합적인 기능의 구성은 서점을 방문하는 고객을 위한 편의와 동시에 필요한 내용을 종합하여 De-sign하여 놓는 결과다.

10

기능의
유기적 연속성

이러한 다양한 복합구성은 설계 시작 이전에 시설의 기획단계에서 사용의 목적과 이용자에게 사용이 편리하고 필요한 내용을 예측하여 설계의 방향과 규모를 확정하는
기준을 설정하게 된다. 이러한 기획부분은 중요한 설계의 본질이며 시설의 적절한 기능적 역할을 활성화 한다.
이러한 기초적인 준비를 배경으로 효율적인 공간의 배열로서 구성하고 수요공간의 규모설정 이후 공간의 연계를 조정하는 것이 평면의 구성이 되고 건축물의 물

리적 형태와 건물의 규모가 완성된다.

우리가 통상 이야기하는 Design이 아름다운 형태만을 창조하는 것이 아니라 design의 중요한 요소는 다양한 과정의 검토에 의해 연속된 행위의 종합으로 이루어진다는 사실을 이해하리라고 본다.

설계(Design)란 시작부터 완성까지의 전 과정을 말하는 것이다.

이 과정의 기본적인 구성은,

1. 생각하다, 발명하다

    conceive, invent

2. 특별한 목적을 달성 하기 위한 계획

    to intend for a specific goal or purpose

3. 그리어 설계하다, 만들고 구성하다.

    to make or draw plans for

설계란 기본적으로 설명한 3단계의 틀 속에서 진행된다.

반복적인 생각을 정리하고 표현하고 하는 행위의 반복 속에서 진행한다. 3가지의 과정마다 많은 과정이 모였다 분리되었다가 실현 가능하게 구성되었다가 내용이 재조정되기도 하면서 수 없이 많은 변화의 과정의 흐름으로 연결된다.

우리의 꿈과 상상은 소설에서 글로 전달되어 이해하고 느끼는 이야기보다 훨씬 풍부하게 경험하게 되는 무한한 공간의 변화를 통해서 사람에게 전달된다.

우리가 창조한 공간은 시간적으로 밤과 낮의 느낌, 또 계절의 변화가 다른 느낌을 전하고 실내에 들어오는 빛의 변화는 다양한 연속적인 공간의 그림을 연출하며 그 공간을 공유하는 사람의 분위기는 살아 있는 공간의 이야기를 연출하고 느끼게 한다. 이러한 현상은 3차원 환경에서 경험하기 때문이다.

설계는 3차원 공간구성으로 2차원적인 방법의 이야기에서는 비교할 수 없는 내용을 이용자나 방문자에게 설계자의 이야기를 전달하며 정지되지 아니하고 살아 있는 이야기로 소통한다.

3차원 공간의 구성은 다양한 요소의 조합이다

이 조합은 단순한 기하학적인 형태의 기본으로부터 반복된 변화와 다양한 비례의 크기 변화와 직선, 곡선, 원, 사각형, 삼각형 등 기본형의 입체적인 다양한 방향의 접속에 따라 입체적인 공간이 형성되며 형태를 완성하고 공간에 도입되는 재료의 색상, 질감 등은 공간의 분위기를 표현한다.

공간의 표피는 내부공간의 용노에 따라 투명힌 미감, 불투명하고 폐쇄적 마감 등등 다양함을 보게 되며 재료의 질감이 매끄럽게, 거칠게, 느끼게 설계되기도 하며 재료의 색상은 밝게, 어둡게, 무겁게, 화려하게, 단정하게 등 수많은 구성의 변화로 표현된다.
실내에서 사용되는 재료도 동일하게 다양하다.
우리가 형태적으로 쉽게 표현하지 못하는 요소는 빛과 같이 물리적인 표현이 어려운 요소들이 있으나 그러한 요소들은 물리적인 형태가 완성되면 자연의 원리와 함께 동시에 연출된다.
그러나 실내 등의 공간을 인공적으로 조성할 때 연출하고자 하는 인공적 환경을 실내에 조명으로 표현하여 구성한다.
건축물의 기본적 기능의 구성은 건축물의 내부공간 기능에 따라 무척이나 복잡한 형태로 구성되어 있으나 그 구성의 기본은 의외로 단순하다. 기본적으로 구성은 건물 내부의 다양한 기능공간으로 이동하는 통로 기능, 주 용도 기능 공간, 지원 시설 기능 이 3가지로 구성되며, 통로는 현관, 복도, 계단, Elevator, Escalator 등으로 상하 좌우로 이동하는 연계 System이며 이 기능은 건물 이용자의 이동 경로다.
건물의 주 용도 기능은 대형 혹은 소형 공간 건축물의

주요 목적의 용도 기능이며 지원 시설 기능은 건물의 주 기능을 지원하는 화장실, 창고, 기계실, 전기실 등등의 지원 시설로 구성된다. 건축물의 기본적 구성인 3가지가 조합되면 건축물이 목적에 맞게 구성되어 기능을 유지하는 데 충분하다.

실내에는 가구 등 생활기구 등이 공간에 동시에 도입된다. 가구는 때론 건축의 일부이기도 하지만 이동 가능한 가구의 특성상 인테리어의 일부에 속하기도 한다.

건축의 설계는 건축물의 완성만으로 건축이 완성되는 것은 아니다. 건축물의 공간에는 가구, 집기, 장식, 용기 등 때론 꽃, 나무, 식물 등이 건축공간에서 자유스럽게 균형과 조화를 이루어 건축물의 목적하는 용도에 이용되는 것이다.

이러한 구성요소는 주택의 구성형태와 대형 건축물의 구성이 기본적으로 다르지 아니한 것을 발견할 수 있다. 건축물의 크기와 내용에 따라 복잡한 기능의 내용이 구성되나 그 기본은 기능별로 정리하여 보면 단순한 내용으로 되어 있다.
소수의 사람이 이용하는 시설과 여러 사람이 이용하는 시설의 필요에 의한 규모만 다를 뿐이다.

12

우리가 생활하고 있는 공간의 다양한 건축물들

일반 생활 중 경험하는 대형 공공시설이나 다중시설을 생각하여 보면 장시간 이용하는 시설 또는 짧은 시간 이용하고 거처가는 시설들도 있다. 기차역, 버스 터미널, 비행장 등 이용하여 할 성격의 목적에 따라 시설의 특성을 찾아볼 수 있다.

이러한 시설들은 기차, 버스, 비행기 등을 이용하러 잠시 머물게 되고 시설의 기능은 방문자가 편리히게 수속하기 위한 기능에 중점되어 있고 많은 이용자가 혼란이 오지 않게 체계적인 흐름이 되도록 배려되어 있다.

공연장, 문화관, 전시장 등은 다중 이용하는 시설로 대

철도역사와 버스터미널

국제공항

우리가 생활하고 있는 공간의 다양한 건축물들

형공간의 주기능과 더불어 대기, 휴식을 위한 대형 공간이 배려되어 있는데 기차역 혹은 버스터미널, 공항의 대형 홀의 대기공간 구성은 내부의 배치나 구성이 이용방법이나 기능에 따라 배치형태나 규모가 다르다.
이러한 대형 공간도 내부의 구성을 보면 3가지의 기본을 동일하게 가지고 있다.
움직이는 통로로서의 기능이 복도와 다른 형태로 설계되어 있으나 기능의 성격은 동일하고 이 건물의 주기능 역할을 지원하는 부대시설이 있다. 아마 전문적인 지식을 갖지 아니한 사람은 흥미로운 사실을 찾았으리라고 본다.
예로 나무에는 뿌리가 있고 줄기와 잎사귀가 있어 나무를 구성하는 것처럼 기본 이치와 다르지 않다. 나무의 모양이나 크기 형태는 나무마다 다르지만 체계의 구성은 이러한 기본으로 존재한다.
공간과 공간은 Net work 형식으로 연계된다. 유사한 기능들의 집합화는 동일한 기능의 모임으로 공간 기능의 성격을 이해하고 인지하기 쉽다.

Design이란 무엇이고 왜하고 어떠한 목적과 방향이 이루어질 것인가를 한 번 생각하여 보자.

Design은 기본적으로 필요에 의해 만들어지는 것이다.

Design은 지금 필요로 하는 것으로 만들어질까?

설계와 Design이 글로 쓰지 않는 소설이라고 이야기하는 내용의 일부분을 생각하고 이야기하여 보자. 글은 서술적이지만 설계나 Design은 물리적 속성의 구성을 실체적으로 완성하여 결과물을 전달하기 때문이다.

이 완성된 결과물은 독립된 환경이 아닌 자연환경 속에 혹은 인공적으로 구성해 놓은 환경 속에 함께 존재하여 우리가 접하게 되는 건축물이 되고 사용하는 용기로서의 기능을 유지하게 된다.

아니면 미래에 필요로 하는 것을 해결하기 위하여 만들어질까 하고 생각하여 볼 필요가 있다.

13

우리가 살고 있는 순간은 정지되어 있지 않고 꾸준히 변한다

우리가 생활하고 있는 공간은 끊임없이 변하고 모든 사물이 유기적으로 연계되어 한 순간도 정지되어 있지 않은 공간의 활동을 기본으로 하고 있다.

때론 무척 조용한 정적인 공간도 있고 시장과 같이 많은 소음과 활동이 이루어지는 역동적인 공간까지 사람이 생활하고 있는 공간의 변화는 상상할 수 없는 다양성을 가지고 있다.

이러한 생활공간에 필요한 요소의 한 내용을 Design 하는 것은 미래에 대한 상상력이 필요로 연속적으로 미래에서도 사용할 수 있도록 적응되어야 한다.

때로는 지금 필요에 의해서 만들어지는 Design도 있지만 순간순간의 흐름의 환경 속에서 미래에 필요로 하는 형태, 기능, 성능, 등의 요구는 무한한 상상력을 필요로 하는 미래의 변화되는 현상에 적응하여야 된다.
새로운 Design을 이해할 때 때로는 무척이나 애매모호하기도 한다. 왜냐하면 지나간 좋은 경험의 회상 및 복고주의적인 Design이 재등장하기도 하기 때문이다.
과거의 시간에 등장하였으나 그 시절의 환경에 적합하게 결합하지 못하였거나 또 무척 보편화되어 이용되었으나 새로운 변화에 의해서 퇴조하였던 것들이 과거를 토대로 다시 나타나 필요로 하는 용도나 기능이 보편화 되어 적용될 경우가 종종 있다. 이러한 현상을 우리는 복고주의적 현상이라고 설명하지만 이 현상의 배경에는 이미 지난현상들이 아주 좋았던 것을 다시 찾아 이용하는 기간이 연장되는 것으로 이해할 수 있다.
이렇게 Design된 것은 기능의 연속성이 유지되고 부분적으로 개선 혹은 보안되어 오랜 동안 많은 사람이 편리함을 느끼며 만족하게 사용되는 것이다.

이러한 현상은 아름다움이 유지되고 내구성 혹은 편리성 등 Design의 목적이 잘 실현되었던 것이다.

새로운 것의 시작은 많은 경우에 지나온 경험으로부터 시작한다. 지식과 경험은 새로운 변화와 필요를 요구한다.

현대사회의 변화의 속도는 3, 40년 전의 변화의 속도에서는 상상할 수 없이 빠른 변화의 속도를 가지고 있다. 예로 일상에서 도저히 분리될 수 없도록 빠른 변화를 반영하여 새로운 기술을 도입하고 있는 통신 및 전자기기의 변화를 통해서 보면 새로운 요구에 빠른 속도로 일반생활에 새로운 기능의 내용을 도입하는 Design을 매일 경험하고 있다.

그러나 새로운 것도 많은 경우에 새로운 Design이 생활환경 속에서 선택되고 이용되지 않아 기억되지 못하고 짧은 수명으로 사라져가는 Design이 수없이 존재한다.

창의적인 사고를 기초로 한 Design은 일정한 목표의 기능이나 용도에 필요로 하는 보편성이 이루어지지 못하는 경우에 수명이 짧은 경우를 본다.

특히 과학과 기술이 접목된 분야에 많이 나타나 기술의 개발은 사람이 편리하게 활용할 수 있는 개발 분야의 발전이 꾸준히 이루어지고 있기 때문이다. 이러한 변화의 끝은 어디까지인가 하고 많은 생각을 하게 된다.

이러한 현상을 경험하며 전문가들은 기술적인 지식만 소유하여서는 새로운 변화의 요구에 적용하는 새로운 기술을 개발 방향으로 준비하기 어려움을 경험할 것이다.

기술의 필요한 내용은 무엇보다 사회의 구조적 변화와 생활환경의 흐름을 이해하지 못하면 Design으로 실현하려고 한 내용으로 사용되지 못하고 도태되는 결과로 남게 된다.

상상력의 근본은 지나간 역사적 자료를 중심으로 미래의 변화를 예측하고 변화 방향으로 흐르는 새로운 상상력이어야 실현 가능한 실체를 구성할 수 있다.

많은 생각과 다양한 지식이 많은 경우에 혼란만 있지

현명한 결정을 내리지 못하는 경우도 허다하게 존재한다.

그리하여 Design은 단순 명료한 사고의 중심에서 결정이 되는 경우를 많은 사람이 경험하는 논리의 보편성을 자주 이야기한다.

이러한 변화의 흐름은 설계하는 공간의 구성도 미래지향적이며 새로 변화되는 환경을 수용할 수 있어야 된다. 가변성 유연성, 유기적인 연계성 등 의 이야기가 꾸준히 우리 삶에서 대두되고 있는 배경이다. 요즈음 우리말처럼 일반화되어 사용되는 영어인 Sustainable을 너무 흔하게 사용되는 경험을 하는데 이 용어의 정의로 지속 가능한 것이라 설명하는 이 용어의 의미 속에는 무한한 변화의 연속성의 요구가 내재되어 있다.

특히 현대사회의 발전을 향한 효율 중 중요시되는 생산성의 극대화, 다중이 필요로 하는 물자의 내량요구 등 대중의 만족 중심의 가치관으로 현재의 사물을 평가하는 환경에서 미래를 예지한 내용의 Design은 초기단계에 생소하여 익숙하기 어려워 일반에게 장기간의 적응기가 필요하기도 하여 부분적 활용이 되기도 하나 쉽게 보편화 단계로 넘어 가는 경우가 허다하다.
이러한 예는 앞에서 설명한 통신 수단의 변화 과정에서 나타나는 기능의 편리함은 생활의 일부분처럼 사용되는 기능이 되었다.

14

Design과 설계를 진행하는 것은 문화를 태동시키는 것이다

Design과 설계는 우리가 생화하고 있는 세상의 문화가 만들어지는 공간을 만드는 것이다.

공간은 문화의 장소가 되고 우리가 창조적으로 Design하고 설계하며 구성하는 세계는 살아 있는 삶의 문화가 존재하게 된다.

중요한 의미의 설계는 건축적인 형태의 아름다움이 미학적인 의미의 기준만으로 평가되어 존재의 대상이 될 수 없고 건축물이 담고 있는 공간에서 일어나는 행위로서의 삶이 문화로 형성되는 것이다.

유명한 건축가들이 설계한 건축물들에 담겨져 있는 공

간의 참다운 의미는 건축물의 아름다움뿐 아니라 설계된 공간에서 일어나는 내용도 의미있게 이용될 수 있도록 완성되었기에 우리 주위에 남아 평가되고 있다.

우리는 외관의 아름다움이 과다하게 설계되어 요란하게 보이나 진정한 건축물이 가져야 할 의미의 요소를 충실하게 구성하지 못하는 건축물들이 주위에 많이 있다.

설계와 Design은 오직 Design의 Idea를 기본으로 전문가의 기술의 결합되는 무기물 물체이지만 물체를 창조하여 만들어놓은 세계는 새로운 문화가 태동되고 문화 부분의 활동이 이루어지는 터전을 마련하는 것이다.

옛 문화의 부분적인 보존이 되어 있는 동내인 서울의 인사동 거리를 보면 무척 흥미로운 점을 보게 된다.

인사동의 태동은 옛 한옥이 있고 골목으로 좁게 형성된 옛길에서 한국의 민속 문화품 혹은 고서 및 그림이 거래되고 있는 거리에 옛날의 문화에 대한 관심이 있는 사람들의 방문이 많아지기 시작하면서 옛 문화를 체험하는 곳으로 자리매김을 하기 시작하였다.

이 거리 주위의 한옥들은 옛날의 우리 생활의 흔적이 고스라니 자리잡아 옛 삶의 내용을 느낄 수 있는 환경이고 이러한 분위기는 한옥이라는 건축으로부터 전해지는 것을 볼 수 있다. 이러한 환경에 이 거리에 점진적으로 미술관 등이 들어오고 쌈지 건물이 세워지고 도로변의 환경이 활성화되었다.

추가적인 시설로 쌈지의 건축은 지역에 필요한 시설의 확장에 기여하며 재래문화와 현대의 한국적인 문화의 존재를 소개하는 장소로서 자리매김을 하고 한국을 방문하는 사람이 찾는 명소가 되었다.

이러한 장소성과 결합하는 건축의 행위는 문화를 형성할 수 있는 배경의 역할을 하게 되어 건축이 창조하는 미래의 공간적인 역할은 문화의 디딤돌이라고 설명될 수 있다. 건축은 형태적으로 공간을 매우고 구성하지만 집단의 건축물들이 만드는 도시에는 인사동의 예처럼 건축과 생활, 문화가 접목되는 내용이 이루어진다. 또 북촌의 한옥처럼 옛 건축물이 보존되어 역사를 통한 생활문화를 이해하게 만드는 역할도 건축에서 성취되는 결과로 우리는 옛 생활문화를 간접적으로 볼 수 있는 기회가 된다.

시대적 요구의 기본이 반영되는 행위는 Design에서 창조되고 우리가 생활하고 있는 현재의 문화로서 미래에 전해진다.

건축가나 Designer는 진실하고 열정을 다하여 최선의 선택으로 모든 건축물이나 사물이 Design되어야 한다. 이것은 Designer나 설계자의 책임이다.

설계의 흔적은 건축물 혹은 조형물 또는 생활의 한 부분을 찾이 하여 우리가 용기로서 사용하고 우리의 주위에 존재하게 되며 우리의 생활에서 느끼는 감성과 새로운 문화형성에 지대한 영향을 주게 된다.

생활공간의 의미?

우리의 생활하고 있는 공간이 3차원의 공간으로 그 공간 안에서 활동하고 있다.

공간이 편리하다, 넓고 크다, 아름답다, 비좁고 답답하다, 아기자기하다, 등등 느끼고 체험하며 실내공간과 연계된 외부공간을 창이나 트인 공간을 통해 외부공간과 연계해서 체험하고 창을 통해서 보는 공간을 느낀다. 3차원의 공간은 이렇게 내외부가 연속적으로 연출하는 환경이 우리가 사는 공간의 세계이며 우리는 설계를 통해서 다시 공간을 창조하며 재생하며 연출하고 있다.

이러한 연출은 정지하지 아니하고 계속 변화되는 환경이 시간의 흐름과 함께 연출되어 생활공간을 형성한다.

3차원 공간의 구성은 다양한 요소의 조합이다. 이 조합은 단순한 기하학적인 형태의 기본으로부터 반복된 변화와 다양한 비례의 크기 변화와 직선, 곡선, 원, 사각형, 삼각형 등 기본형의 입체적인 다양한 방향의 접속에 따라 입체적인 공간이 형성되며 형태를 완성하고 공간에 도입되는 재료의 색상, 질감 등은 공간의 분위기를 표현한다.

이러한 내용들은 Design이 만들어내는 Man made Structure, 즉 인간이 필요해서 만들어 사용하는 의미있는 다양한 형태의 용기들을 이야기한다.

공간으로 구성된 건축물의 설계에서 오랫동안 시도 되어 형성된 결과물들에 대한 아름다움에 대해서 우리는 어떻게 받아들이고 있는가.

고대 건축물들의 정교함과 그 시대에 실현된 거대 규모에 우리는 경이로움을 느끼며 어떻게 실현되었을까 하고 그 수수께기를 풀어보는 많은 시간을 보낸다.

고대 이후 중세기에 건축된 터키의 블루 모스크 또 로마의 바티칸 성당 등 거대한 규모의 돔들은 어떻게 세웠을까 신비로움에 감탄한다.

이러한 아름다움은 규모와 건축물의 조형적인 균형과 비례를 통해 전달되어 아름답다는 표현을 하게 된다.

외형적인 아름다움은 건축물이 위치한 환경적인 조화에 의해 자연 경치 속의 하나의 요소로서 포괄적인 아름다움을 전하는 경우를 많이 보게 된다.

이러한 건축의 의미를 분류하여 보면 독립된 건축물이 세워지는데 필요한 기술의 중심에 의해 실현된 의미일가 생각해 보자.

현제 우리가 생활하고 있는 도시의 건축물들은 산업화 와 근대 사회의 급속한 물질적 팽창과 인구 증가 속도에 따라 건축물의 신속한 공산 수요를 충족하는 과정에 기술개발과 더불어 대량생산의 요구에 의해 현대 도시가 형성되면서 그 공간을 매우고 있는 건축물들은 수직으로 공간 확장하는 과정에서 규모의 확장이 되었다.

세대에 따라 사람의 감성이 변화되고 건축물의 형태적 구성의 기술이 보편화되어 1900년대 이후에 시작된 근대 건축물이 만들어놓은 도시는 수요와 욕구에 의해 진보되고 개발되어 편리한 생활을 만족시키는 도시로서의 구성을 갖추고 있다.

이러한 환경에서 생활하며 보편적인 기준으로 이해하였던 많은 사람이 새로운 인간감성이 표현된 생활환경에 대한 욕구가 강열하게 대두되는 현재에 이르렀으며 자연에 대한 환경의 재해석을 중심으로 인간이 소유하였던 물질의 양적인 풍요로움으로부터 질적인 생활에 대한 추구가 강하게 요구되는 환경에 이르렀다.

자연과 인간의 감성이 모여 새로운 환경이 요구되고 서서히 형성되고 진화되는 미래 도시에 대한 적극적인 접근이 지난 20여 년 전부터 시도되고 있다.

공해로부터 자유로워지고 비인간적인 획일화된 공간 혹은 건축물에 대한 재해석을 하고 있다.

건축은 예술인가 하며 질문할 경우 때론 예술의 부분

에 포함하는 의견도 있지만 대부분 건축은 기술이다 하고 설명한다.

이러한 질문의 배경에는 우리의 환경에 만들어가는 공간은 물리적인 형태로 구성, 완성되는 건축물의 무기물 체이므로 실용을 기본으로 하지만 Design의 설계내용은 그 시대의 삶의 질적 환경이 고려된 내용이 중요하게 요구되고 또 조화롭게 반영된 내용의 방향으로 꾸준히 개선을 모색하고 있다.

건축물이 만들어 놓은 공간은 사용하는 사람의 인성조차 변하게 할 수 있는 매우 중요한 내용을 포함하고 있다.

잡지에서 소개한 헤이리의 어느 Software회사를 설계한 건축가의 말을 빌리면 그는 "우리가 어떤 환경에 있느냐에 따라서 우리가 생각하는 바가 큰 영향을 받으니까요. 스트레스를 받고 답답한 곳에 있으면 건강한 마음을 지니기 힘들고, 통찰력 있는 생각을 하기 힘들어요. 반대로 자연적인 공간, 여유로운 공간, 아름다운 공간에 마음도 그런 쪽으로 흐르지 않겠어요?"라고 하는 생각을 표현하였고 그는 "사옥을 설계하면서 중점적으로 고려한 것은 단순히 겉으로 드러내기 위한 건축적 아름다움이 아니라 실용성을 갖춘 아름다움, 변화와 소통이라는 키워드였다. 먼저 공간의 효율성을 떨어뜨리는 과도한 장식은 배제하고 단순한 외관으로 기능적 아름다움을 살렸다."고 설계자의 생각을 이야기 했다.

그리고 실내설계의 내용은 "실내공간에 온기를 더하는 아이디어에 집중했다. 일하는 데 커다란 책상과 속도 빠른 컴퓨터도 중요하지만, 공간에 스며드는 따스한 숨을 불어넣어 함께하고 싶은 일터를 만들자."고 하는 목표를 분명히 하고 있다.

이러한 이야기는 건축공간의 내용은 우리가 생활하는 공간이기에 공간에서 느끼는 우리의 감성은 우리의 인성에 지대한 영향을 주게 된다.

무기물질로 완성된 공간의 이야기

예전에는 우리가 실현가능한 형태적 제한을 경험하며 생활하였으나 현대의 기술은 거대하게 발전된 컴퓨터를 통해서 무한하게 발전되어 기술을 기초로 한 건축물을 형태적 구성을 실현하는 데 다양한 형태적 구성의 제약을 거의 받지 않고 실현할 수 있다.

적어도 Design이 문제이지 기술적인 장애는 없어진 환경에 이르렀다.

건축이 자연처럼 유기적인 형상이 실현되는 시대가 언제 올지는 모르나 그 개발과 연구는 계속해서 진행되겠지만 이는 미래의 생활환경의 만족을 위해 계속해서 건축 Design은 시도되고 바른 방향으로 진전되어야 될 것이다.

건축에서 감성이라고 표현할 때 의미의 정의는 다양하게 접근하는 해석이 있다고 본다.

공간 속에서 느끼는 감성인가 아니면 형태적 표현을 중심으로 느끼는 감성인가?

감성은 건축에 어떻게 스며들며 우리가 감성적으로 느끼게 될까.

분명한 것은 근래 다양한 모양으로 표현한 건물물들이 만들어지고 있다.

근대와 현대에 대량생산 시기에 건축되었던 건축물들과는 판이하게 다른 형태가 실현된 것이다. 다양한 모습이 그동안 전통적으로 나타난 형태와는 다르며 건축물이 조각예술의 일부분인지 그 모습이 강하게 우리에게 다가오며 종전의 관념을 타파하고 있다.

이러한 건축 Design의 시도는 건축물이란 생활하는 공간이고 그 공간 안에서 이루어지는 행위들은 인간의 삶의 희로애락을 만들어내기에 공간에서 감성적인 느

무기물질로 완성된 공간의 이야기

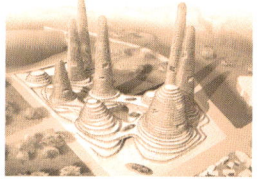

낌을 받게 된다. 이러한 현상은 설계나 Design 행위가 우리 삶의 현장을 꾸미고 있다고 설명될 것이다.
Design이란 의미는 우리세계에서 모든 부분에 해당한다는 것을 이해하였다고 본다.
공간 Design에서 구성되는 3차원 공간의 의미는 물리적 환경에서 단순접근하면 선과 면으로 구성된 입방체가 형성되는 순간에 모양과 크기가 설정되어 공간의 형태적 의미 및 크기를 이해하게 된다.
그러나 우리가 경험하고 있는 다른 방향으로 생각하여 보자. 우리는 자연과 더불어 생활한다. 자연은 형태적으로 설명할 수 있는 자연과 항시 변하는 기후 등등 자연이 우리의 삶의 세계에 영향을 주는 삶의 일부분이다.
우리가 이야기하는 Design의 원천은 이러한 환경적인 배경이 이해되지 아니하면 의미 있는 Design이 구성되지 아니한다.
어느 가을날 노란 은행잎이 가로를 물들이고 있는 거리에 가을비 내리고 있는 시간 가을의 정취가 몸속 깊이 다가오는 시간에 길가 카페에서 진한 커피 한 잔을 테이블 위에 놓고 길 밖에 보이는 경치를 감상하고 있을때 형형색색의 우산을 들고 지나가는 사람들을 보며 한가로운 생각과 함께 아름다움을 보면서 즐기고 있다고 생각하여 보자.

이러한 기회의 때와 장소는 우연일가 아니면 준비된 기회일까?

다행히 이렇게 즐길 수 있는 커피숍이 이곳에 위치하여 밖의 풍광을 느낄 수 있는 기회가 있는 것은 우연이 아니고 이러한 느낌의 환경이 커피숍 주인은 많은 사람과 생각을 공유하기에 만들어놓았으리라고 본다.

이러한 환경에 푹신한 소파와 날씨와 느낌이 오는 아름다운 음악이 흐르고 커피향이 코끗에 와 닿으면 우리는 행복에 잠길 것이다.

이것이 우리가 이야기하는 3차원 공간이다.

이 공간의 첫번째 중요한 공간의 요소는 자연적인 환경요소다. 아름다운 은행나무와 나뭇잎의 색깔, 이것들과 더불어 촉촉이 내리는 가을비와 비오는 날의 연출

하는 가을 날씨의 부드러운 회색빛 이것은 자연이 만들어 놓은 이야기다. 이것과 더불어 지나가는 사람과 그들이 쓰고 있는 색색 우산들, 또 많은 이들이 지나가며 변화되는 색들의 조합과 변화를 느끼는 것, 이러한 것을 볼 수 있는 위치에 만들어진 커피숍.
커피숍에는 푹신한 소파와 아름다운 장식이 되어 있는 그림 등이 있는 것.
향이 나는 커피 내음새 등등.
이것이 구성되는 환경은 자연과 더불어 꾸며놓은 De-sign이고 설계다.

이러한 곳에 커피숍을 설계하여 만들어놓은 것은 소설에서 이야기하는 것처럼 3차원 공간에서 만들어놓은 이야기로 즐기고 느끼는 공간 이야기다. 이것은 쉽게 설명하면 기능의 조화이다.

아름답다는 표현에는 많은 부분의 요소들이 조화롭게 구성되어 복합적인 내용이 연출해졌을 때 서로 공유하며 느낄 수 있는 만족감을 표현하는 용어다.

17

무기물체로 구성된 건축물의 조화

설계나 Design은 사람이 만들어놓은 공간과 시설, 즉 man made structure가 3차원 공간에 조화로운 존재로서 위치하게 된다.

3차원 공간은 오직 실내공간에서만 이루어지는 듯 착각하면 안 된다. 그공간은 외부공간의 무한한 영역과 함께 존재하는 공간의미다.

조화는 획일성을 가지는 것은 아니다. 다양함 속에 여러 가지가 균형적인 안정이 또 다양한 이질적인 집합되어 꾸며놓은 것이 존재하는 것으로 새로운 조화를 이루어 내기도 한다.

조화라는 용어의 의미는 Design이나 설계를 통하여 표현하고 완성하여 만들어놓은 물리적인 결과에 대한 각자의 감성적인 느낌으로 서로 공유하는 것으로 설명될 수 있다.

3차원 공간은 장소이고 그곳에 Design과 설계로 구성되어 살아있는 삶의 문화가 존재하게 된다. 이 공간에서 일어나는 유기적인 활동과 행위는 Design과 설계의 최종 목표다.

건축의 형태적인 아름다움이 미학적인 기준으로 비교되어 평가하며 존재하는 것만이 좋은 건축물로 이해되기도하나 Design과 설계의 내용이 삶의 행복한 시간을 영유하게 만들도록 계획되었으면 의미 있는 목표를 달성한 건축으로 남아 우리 주위에 오랜 시간 동안 존재하는 것이다.

이러한 성취는 Designer의 진실한 열정으로만이 가능하다고 본다. 건축물이라는 무기적인 건축공간에서 이루어지는 무한한 우리의 행위는 공간의 생명력을 갖게 하고 설계자의 의도 하에 생성된 공간은 이용자와 설계

무기물체로 구성된 건축물의 조화

자와의 서로의 소통이 이루어졌다고 이해할 수 있다.
근대의 예술에서 중요하게 지향되고 있는 내용은 소통이 찾이하고 있는 예를 자주본다.
감성을 공유하고 서로 소통하는 예술작품 중 조각작품으로 Chicago의 Millennium Park에 세워져 있는 Cloud Gate라는 조각으로, 조각가 Anish Kapoor의 아름다운 조각으로 많은 사람으로부터 사랑을 받고 있으며 별칭으로 Bean이라는 명칭의 조각에 대하여 이야기하여 보자.
이 조각은 많은 의미의 내용을 포함하고 있는 조각이다. Anish Kapoor의 조각은 그의 주변 환경과 어우러져 건축적인 성격의 조각이라는 평가를 받고 있다.
조각품의 규모가 대형이어서 건축적인 기본을 갖추고 있기도 하며 사용된 재료 또한 강한 반사율을 가진 스테인리스 스틸로 표현되어 있기 때문이기도 하다.
이러한 조각 1970년대 초에 분류되기 시작한 대지미술 혹은 환경미술로서의 일부분의 표현이 건축적인 형태적 본질이 있다.

무기물체로 구성된 건축물의 조화

근래에 우리는 환경조각이라는 용어를 자주 접하게 되는데 옥외공간에서 조각이 이야기하는 내용은 환경적인 요소와 결합하여 보는 사람에게 전하는 작가의 감성적 이야기를 듣게 되는 것이다.

특히 Chicago에 있는 그의 조각은 시민들과 소통을 하는 작품으로 자리하고 있다. 추상적이고 무척 단순한 형태에서 보이는 특이성과 함께 Stainless Mirror에 반사되는 모습은 무척 강한 인상의 변화하는 모습으로부터 표현되는 이야기를 작품 주위에서 보는 이에게 전하게 되며 관람자도 조각의 일부분으로 나타나는 경이로움 때문에 조각에서 작품과 관람자와 함께 소통하는 조각이기 때문이다.

작가가 의도하여 완성하여 놓은 것은 추상적인 형태의 Bean(콩) 모양의 Stainless 조각이었지만 조각에 나타나는 나머지 이야기는 그 장소에 참여한 모든 참여자의 몫이었기에 이는 작가와 관람자와의 소통이 이것보다 더 연계되는 좋은 예를 찾을 수가 없다. 이는 진정한 소통이다.

이 조각의 작가는 의도적인 방법으로 Mirror 형태의 마감으로 조각에 비추어진 관람자와 함께 조각에서 표현되는 것으로 조각이 궁극적으로 완성되는 모습을 생각했을 것이다.

이러한 것을 정적인 예술에서 동적인 예술의 새로운 예술 참여로 볼 수도 있다.

Design이나 설계도 이와 같이 완성되어 사용하는 사람의 만족한 이용 과정 중 일어나는 공간에서의 변화된 내용이 포함된 것이 Design이나 설계의 최종 완성으로 생각된다. Design이나 설계는 이용되는 용기로서의 기능적 부여를 하고 설계는 이용하는 사람들의 필요한 공간을 제공하는 무기물적인 공간일 뿐이지만 이 공간을 바탕으로 건축가는 이용하는 사람들과 참여를 통한 소통의 바탕에서 감성을 교류하게 되어 건축물은 생명력을 갖게 된다.

근본적으로 소통하는 내용의 중요성은 예술이나 Design이나 건축에서도 가장 중요한 의미의 행위로서 서로 다르지 않다고 본다.

보편적 사고
그리고
대중적인 평균

Designer는 보편적 사고를 기본으로 한 대중적 평균이라는 틀의 범주에서 창의적인 사고로 설계하고 완성하는 어려운 과제도 안고 있다.

자기중심의 접근 방법만 고집할 때는 특별한 개성적인 창의성으로 표현되지만 남을 위한 또 다른 다양한 사람들이 이용하게 하는 창의적인 생각은 보편적 사고를 기준으로 한 대중들을 위한 보편다당성이 존재되어야 한다. 창의적인 창조성은 어디서부터 발현되는 것일까?

창의적인 생각의 필요는 모든 곳에서 필요로 하고

있다.

성취하려 하는 내용과 목적에 대한 정확한 목표를 설정하지 아니하면 최종의 결과를 만드는 데 많은 혼란을 경험하게 된다. 이러한 내용의 정확한 이해를 통해 본인이 의도하는 Design의 결과에 도달한다.

Design을 시작할 때 많은 자료와 지식 확보를 위해 다른 사람이 만들어놓은 Design을 검토하고 유사한 내용을 참고하여 Design에 접근하는데 종종 부정확한 참고내용의 설정과 이해 때문에 많은 시간을 낭비하고 또는 너무 많은 정보 때문에 자기 특성을 명확히 하는 데 방해받기도 한다.

그러한 배경으로 목표 설정때 신중한 방향 정리가 요구된다.

예로 Smart phone의 발전의 흐름을 보면 제작자의 창의적인 개발의 중심에는 사용자의 요구를 만족시키기 위한 기능의 도입으로 꾸준히 개발되는 흐름을 유지하고 있다. 이러한 기능적인 요소의 결합은 사용자의 욕구를 이해하고 기술과 지식정보의 공유로 사회적 정보

공유가 가능하게 하는 미래에 대한 변화를 예측하는 현명한 선택이 결합되어 성취되고 있다.

이러한 결과는 기술로서만 성취하려한 목적의 성취보다 사회의 문화 변화와 변천에 지대한 영향을 주었다.

다른 예로 냉장고의 기능 변천을 보자.

냉장고는 식품 저장고로서 외국의 기술로 제작되어 수입되어 서양식품 문화 방식의 구조로 사용되었지만 국내기술의 향상으로 국내에서 우수한 제품제작이 가능한 이후 한국적인 식생화에 필요한 저장기능의 도입이 현저하게 의루어지며 김치냉장고까지 Design되어 우리 식생활에 맞는 기능을 가지게 되고 이러한 결과는 사용자의 만족한 이용을 통해 혜택을 주었다.

Design과 기술이 이루어낸 목적과 결과는 감성을 통해 이용자가 만족함을 이루어내는 것이다.

이러한 예를 통해서 보듯이 Design은 단지 외적인 형태를 창의적으로 완성하는 과정 만이 아니고 우리에게 필요한 내용을 완성하는 과정을 기획하는 것처럼 다양한 의미의 Design 중의 하나다.

이러한 의미의 Design은 창의적 활동 중 가장 중요한 의미의 Design이고 설계다.

사용자가 미래에 필요한 내용을 Designer는 예측하여 창의적인 사고로 개발하여 사용자가 만족하며 편리하게 이용할 수 있게 하는 목적을 달성한다.

이러한 결과의 과정을 보면 제품의 생산은 Design으로 제품이 생산되는 과정이나 최종으로 완성되는 Design의 의미는 사용자에게 감성적인 만족을 주는 것이다.

# 창의적 사고로의 접근

세심한 관찰을 통한 사고개발의 방향을 위해 우리는 새로운 생각을 정리하면서 구체화하고 싶은 충동을 자주 느낀다. 그리고 생각을 구체화하려 조급하게 행동하는데 곧바로 그 결론에 쉽게 접근하지 못하고 오랜 시간 동안 반복된 시도를 하고 그간 경험하고 배운 지식을 합하면서 점진적으로 구체화한다. 이러한 과정에 사물에 대한 관찰력을 집중한다.

관찰중 많은 대상을 이해하고 평가하는 데 평가시 비교를 통한 판단이 생각을 지배하는 경우가 많다. 이러한 경우에 창의적인 생각이 만들어진다.

창의적 사고로의 접근

창의적인 생각의 의미는 다양하게 생각할 수 있다. 창조와 다른 의미로 이해하여야 되고 창조와 창의적 용어의 이해를 혼동하여서는 안 된다.

의미가 미묘한 차이가 있지만 창의적인 생각은 사물에 대한 변화되는 새로운 생각을 도입하여 특정한 대상을 이해하고 개선을 하거나 융합하는 의미의 활동이다.

창의적인 용어의 중요한 의미는 이미 목표와 대상이 존재하여 있는 상황에서 의외성 혹은 독특함을 추가적으로 도입하는 것일 수도 있다. 창의적인 내용을 개발하는 요령의 예로 많은 경우 Image의 도입과정에서 새로운 생각에 접근하기도 한다.

앞에 보여주는 Backpack의 Design을 보면 초기의 등산용 가방으로부터 변천되어 일반적으로 사용하게 되는 가방의 모양은 취향에 따라 다양하게 변하는 것을 보게 된다. 물론 사용하는 목적에 따라 편리성을 향상시킨 기능 이외에 외관의 모양이 다양하게 Design되어 소개되고 있다.

가방의 기본적인 기능은 공통적으로 일반적인 기능을

유지하고 있으나 다양한 Designer의 Idea에 의해 아름다움을 표현하는 예를 보게 된다. 이와 같이 창의적인 Design은 기능의 기본을 공통적으로 유지하며 독특하게 서로 다른 창의성으로 제품이 만들어지는 예를 보게 된다.

창의적인 생각이나 활동에는 특별한 재주가 수반되는 경우가 있다. 일반적인 능력이외에 특출하게 한 분야의 특별한 능력을 기초로 창의성이 실현되는 경우다.

이런 경우의 창의성을 영어에서는 Ingenuity라 한다. 그러면 창의란 한 순간의 Idea로 순간 완성되는가 이다. 창의적인 Idea는 다양한 지식과 결합하여 장시간에 걸쳐 발전하고 개선하여 목적하는 방향으로 완성되는데 이러한 과정을 개발 영어로 Development라고 한다.

창의적인 내용을 점진적으로 향상시켜 질을 높이는 것 영어로 Enhance라는 과정도 Design의 창의적인 생각을 성숙하게 하는 연속된 과정이다.

혁신이라는 의미 영어로 Innovation는 최근에 자주 접하는 용어인데 그 내용은 창의적이면서 기존의 사물이나 형식으로부터 과감한 개혁적인 변화를 의미하며 그 결과는 기존에 일반적으로 존재하는 내용으로부터 효과적인 결론에 도달하는 것을 의미한다.

혁신적인 내용도 창의성이 있는 내용을 점진적으로 개발하여 발전시키는 과정의 흐름이 동일한 방법으로 실현시키지만 혁신적인 사고를 접목시켜 Design이나 기능의 변화를 가져와 Designer들은 새로운 제품을 만드는 노력을 한다 .

혁신이라는 단어는 최근 우리 주위에서 많이 사용되는 용어 이지만 언어의 정의를 하기에는 쉽지 않다.

생각, 즉 Idea를 Design하는 과정과 방법 중 하나인 비교는 무척 자연스러운 지식의 연계개발의 창구이며 도구가 된다.

비교라는 의미의 내용 중 서로 다른 두 가지의 경우를 상대적인 기준으로 판단하는 의미로 영어로 Comparison 의미가 있지만 이 의미의 다른 내용으로 평가하는 의사의 결정, 즉 영어로 Judgement 판단이라는 의미도 포함되어 있다.

또 다른 의미로의 비교, 상대, 관련 이라는 의미 영어로 Relative라는 의미도 포함되어 있다. 비교라는 경우의 체험을 할 경우에는 이러한 다양한 경우의 내용에 해당할 것이다.

비교

비교를 통한 사물에 대한 판단은 사물의 크기에서 표현하는 내용 중 크다 와 작다 혹은 높다 낮다, 사물의 질, 양을 중심으로 한 비교로서 가볍다와 무겁다, 체험적인 경우의 비교로 느낌이 푹신하다와 딱딱하다, 부드럽다 와 거칠다, 사용 후 느끼는 비교로 편리하다 또는 불편하다 등등 모든 것을 비교하고 있다.

사람이 인지하고 있는 동안 비교하는 행위는 계속되고 있다.

비교에는 기본적으로 두 가지의 방향으로 생각할 수 있다고 본다. 하나는 두 가지 이상의 대상에 대한 공통적인 내용이나 의견을 찾는 것이고 또 다른 하나는 두 가지 이상의 대상의 차이점에 대한 비교일 것이다.

비교를 통한 연속된 생각의 진행은 Design의 창의성을 유도하는 것이다.

비교는 항상 우리의 주위에서 일어나는 경험적 현상이다. 눈에 보이는 현상을 통해서 비교하고 평가하는 습관적인 결과의 기억 속에 각자의 경험적 통계를 기본으로 하는 자료의 축적을 통해 Design을 정립하는 개인적인 표준이 만들어진다.

비교라는 단어가 갖는 의미는 신비로움이 있다. 왜냐하면 비교를 통해서 이해하게 되는 것은 무한한 가능성을 제시하여 준다. 눈에 보이는 것은 무엇이든 비교하게 되지만 마음 속에 느끼는 것도 비교하여 선택하고 평가도 하기 때문이다.

모방

우리 생활에서 익숙한 행위 중 많은 부분이 모방이라는 과정을 통해 특정한 행위가 이루어지는 경우가 많다.

모방이란 Design에서 무슨 의미인가. 여러 가지의 의미로 분류할 수 있다.

첫번째로 새로운 것을 배워서 익숙하게 이용하는 의미, 즉 영어로 Adaptation으로 순응하는 의미가 있고, 두 번째 의미로 다른 것을 그대로 사용하여 응용하는 것으로 Adopt, 즉 차용하는 의미가 있고, 셋째로 사물이나 행동을 흉내내는 것으로 영어로 Imitation이라는 의미가 있고, 넷째로 복사라는 의미, 즉 영어로 Copy라는 뜻이 있고, 다섯째로 복제, 복사, 반복한다는 의미로 영어로는 Duplication라는 뜻이 있다.

모방의 정의와 뜻의 한계성에 대하여 행위 결과의 애매함이 발생하는데 이러한 경우의 내용이 종종 신문에서 대하게 되는 특허 침해관련 내용이다.

기술 부분에서 특히 많은 문제가 발생하여 남의 기술을 모방하는 행위에 대한 규직과 실서를 노용하는 부분의 부도덕 때문에 문재가 종종 발생한다.

남의 것을 원천적인 변화나 개발 없이 차용하여 사용하는 경우인데 여기에는 개발자의 창의성이 전혀 시도

되지 아니한 경우다.

그러나 우리는 개발되어 있는 사물이 유사성은 있으나 기능이나 형태가 창의적인 Idea를 기본으로 향상되어 완성된 것을 보게 되는데 이들은 모방과 같은 유사한 과정의 흐름 속에서 발전된 것을 보게 된다.

우리는 Design을 배우는 과정이 다른 사람의 생각과 실현한 결과의 내용을 보면서 창의적인 내용을 개발하는 현상을 보게 된다. 우리의 생활환경에서 접하는 사물의 Design에서 형태와 기능을 배우고 평가 하면서 새로운 대안적인 제시를 스스로 만들게 되는데 앞에 설명한 비교 및 모방을 통한 경험의 과정에서 이미 주위에 존재하는 사물을 배우고, 유사한 내용들을 비교하고 모방하면서 새로운 사물 창조의 기초로 하는 행위를 반복한다.

비교의 평가에서 특이성을 판단하는 기준이나 개성적인 특성의 차이를 비교할 때 유사성의 객관적 기준 설정이 많은 경우에 애매모호하기도 한다.

창의적인 Design에서 형태적으로 다르나 기능적으로

는 거의 동일한 Design은 수 없이 존재하며 형태적인 선택이나 개인의 기호에 따라 재품의 다양한 경쟁이 존재하는 것을 우리는 잘 알고 있다.

이런 경우에 창의성의 평가는 우리는 어떻게 정의할까?

그래서 창의적인 Design의 평가는 하나의 기준으로 하는 의미보다 다양한 기준이 존재한다. 다양한 평가기준 내용 중에 기능 기준의 유사성이나 용도의 필요성이 동일한데 새로운 Design이 실현되는 예를 간단히 설명하여 이해를 돕는다면 우리가 착용하는 넥타이 혹은 스카프를 고려하여 보면 기능이나 용도는 동일하나 Design된 문양이나 각각 색상의 다양함이 용도 특성의 중요한 부분으로 작용하여 선택되며 가치의 평가를 다르게 하는 중요한 요소로 작용한다.

이렇게 다양한 문양과 색상이 표현된 세품은 각각의 개성을 가지게 되며 착용한 옷의 색상이나 Design과 조화되게 선택되어 사용된다.

148

창의적 사고로의 접근

응용(Modification)

응용은 우리가 창의적인 생각이 시작되는 출발점이 되기도 한다. 우리는 자주 물건을 사용할 때 기능이나 모양을 개선 또는 향상(Improve)하면 조금 더 좋고 편리하게 사용할 수 있는 가능성을 경험한다.

변화는 우리 주위에 일어나고 있는 현상이다. 수많은 경우에 변화되기 시작하는 시점은 사물에 대한 응용을 중심으로 연속적인 변화의 흐름으로 이루어지는 경우를 볼 수 있다.

응용의 의미를 이해하는 데 종종 모방과 응용의 내용의 한계를 명료하게 정의하기 어려운 경우를 경험한다. 이러한 의미를 평가하는 데에는 개개인의 기준으로만 이해되게 될 따름이다.

Design에서 응용과 선택은 유사한 내용도 이용되는 경우도 있지만 전혀 다른 분야의 내용에서 착안하는 경우도 허다하다. 설령 외양이나 기능만이 아니라 참고로 하는 사물의 발전적 변화의 흐름으로부터 착안하여 응용의 방향을 이해하는 경우가 많다. 이렇기에 넓고 다양하게 보고 배워야 할 것이다.

이용(use) 활용(utilization)
Design은 이미 만들어지고 이용되는 사물의 체험부터 시작되는 경우가 허다하다.
이때 상점에서 구매하는 것 중에 기능내용의 유사성을 많이 보게 된다. 그리고 기능 중 내용물의 구체적으로 조합 순서만 다르게 구성으로 유사한 제품과 독창성과 차별성을 주고 제작된 제품을 허다하게 본다.
여기에는 기존의 근본적인 Idea를 활용하여 사용한 내용이다.
이 부분에는 Design의 특허 등이 보호되지 않아서 혹은 유효기간이 지나서 타인이 유사한 Design을 활용하는 기회를 가지고 Design 하는 것들이다.
이용과 활용이라는 용어의 의미 안에는 많은 경우 결합성인 내용도 있다. 예로 기술 분야에서 흔하게 나타나는 현상인데 타 분야에서 사용되는 기술을 전혀 다른 분야에 도입하여 효율성을 높이는 것 등으로 새로운 기술이 되어 완성되는 경우다.

이러한 의미의 Design은 기술에도 설계를 진행하기 전에 개발 Program을 Design하며 개발과정 중 다양한 실험 등을 통하여 기술의 성능 등이 초기에 설정한 Design의 목표에 달성되는 경우다. 이러한 기술개발에는 다양한 분야의 기술이 활용되고 종합되어 만들어진다.

건축설계 분야에서는 기술이나 Design의 이용과 응용이 일반적으로 도입되고 있다. 왜냐하면 건축의 특성상 다양한 재료와 기술의 혼합으로 조성되고 결합되어 있는 집합체가 건축물이고 각각의 부품의 Design은 복합적으로 사용될 수 있고 이용이 가능한 목적으로 생산되어 있으므로 건축물에 사용한다.

건축에서 이용되는 자재나 부품들을 종합하여 완성하게 되면 유사한 듯 보이나 성능이나 건축물이 가지고 있는 결과물은 다른 모습으로 나타나는 Design의 결과로 해석할 수 있다.

변화(Transformation)와 변형(Modification)

Design은 시대적 요구에 따라 꾸준이 변화되고 있다. 우리가 현제 사용하고 있는 기구의 기능 혹은 모양은 변형되고 있어 이러한 변천의 흐름은 때론 인지되기도 하지만 어떠한 변화가 일어났었는지 조차 인지하지 못할 정도로 자연스럽게 변화되고 있다. 성능의 변화, 기능의 변화, 수요의 변화, 욕구의 변화 등등은 꾸준한 변혁과 변형이 이루어진다.

변형은 형태적인 모습의 변화로 원래의 모습에서 다른 모습으로 변화되어 모양이 다르게 되는 것이다. 변형은 시각적으로 분명히 인지되도록 모습을 다르게 하는 것이다.

변화는 동일한 사물이 다양하게 표현되기도 하고 원래 모습의 기본으로 다시 복원될 수 있는 변화를 이야기한다. 쉽게 설명하면 신이 계절에 따라 녹색 붉은색이 숲의 색깔로 변하는 것처럼 보이는 현상이다.

변혁이라는 표현은 변형등의 과정의 흐름으로 원래의 모습으로부터 모양의 변화가 진행되어 전혀 다른 모양으로 변천하는 과정을 통하여 모양뿐 아니나 그 내용도 변하는 것으로 설명될 수 있다.

조화(Harmony)와 균형(Balance)

Design에 도입된 각각 두 가지 이상의 선택과 도입으로 만들어진 부분을 모아 서로 보완적인 형태를 구성하며 조화롭게 형태를 구성하고 또는 균형의 안정성을 실현하여 Design된 모양이 형태적인 시도가 목적한 내용대로 완성되는 것이다.

형태의 구성은 본질적인 모습이 있으나 형태가 만들어지는 과정에 도입되는 재료의 선택, 색상의 선택에 따라 표현되어 완성되는 영역이 무한하다.

조화를 고려하면 객관적인 평균의 내용이 있어 평가할 수 있지만 감성적인 부분의 면으로 보면 다분히 주관적인 면이 있어 때론 서로 애매한 기준을 이야기하기도 한다. 그러나 조화와 균형의 의미 속에는 중요한 내용의 수준을 결정하는 의미가 있다. 여러 가지의 다양한 내용을 종합하여 조화로운 형태적 혹은 성능적 균형을 이루어 내는 것을 적정하게 선택하는 것이다.

보편적으로 익숙한 내용의 반복이 다수일 경우에 일반적인 평균이 되고 우리가 무난하게 쉽게 수용하는 내용을 평범하다는 평가를 하게 되는데 이러할 경우 개성이 결여되어 특이하거나 독창적인 사고유발을 하게 동기를 부여하는 기회이기도 한다. 그래서 우리는 계속해서 창조적인 활동을 꾸준히 하게 되고 발전적인 방향으로 연속으로 Design 행위를 한다.

조합과 배열을 선택하는 행위가 Design이다

조합은 일반적으로 여러 가지의 동일한 내용 혹은 다양한 내용이 목적하는 내용으로 구성하는 것이다.
이러한 경우의 Design에는 신체를 중심으로 한 부분에서 나타난다.
가구 등의 Design 중에 책상의 Design을 보면 책상의 높이는 의자의 높이와 관련이 있으며 책상의 서랍 등의 수납공간은 이용자가 의자에 앉아 있는 자세에서 팔이나 손이 닿는 거리에 순서에 맞게 만들어지는 현상을 보게 된다.
또 다른 예로 자동차 실내 Design을 통해 보면 운전자

중심으로 핸들을 중심으로 운전자의 의자에 앉은 자세로부터 모든 편의 사항이나 주요기능 조작 관련 내용이 좌우 평균적으로 배치되어 있는 것을 보게 된다. 이러한 배열의 규칙 등은 움직이는 습관 등의 반복되는 현상을 과학적 통계로조사 분석하여 만들어진 기준을 기본으로 적용하는 Design에 절대적으로 중요한 요소로 선택되어 있는 규칙이다.

공간 속에서 단순한 반복이 이루어지는데 사무실을 예로 참고하여 보면 소규모의 동일한 기능들이 연속적으로 배열되어 소규모 방이 위치하기도 하며 동일한 성격의 공간이 대규모 면적에 수평적으로 나뉘어 공간의 반복적인 분할이 된다. 이러한 공동기능의 공간은 일정한 규모 이상일 때 수직방향으로 연계되어 반복적인 기능을 유지한다.

이러한 건축물의 예로 사무실 건물은 필요한 공간을 수평적 수직적인 연개로 연속적인 배열로 연계 사용되게 설계되는 비교적 단순한 내용의 틀을 가지고 있다. 단순하지 않은 성격의 건물은 복잡한 기능의 배열이 어렵게 생각될지 모르지만 연계기능을 이해하고 가장 근거리에서 진행되는 기능을 이웃에 배치하여 기능의 연계를 통한 효율을 실현하면 아주 쉽게 체계적인 평면의 배치가 이루어진다.

우리는 유년기 시절 색종이 딱지놀이를 시작하면서부터 기능의 연계성과 조화 및 크기의 균형 등에 대한 이해를 단순한 방법으로 잘 훈련된 지식을 이미 소유하고 있다.

기능의 배열은 의외로 단순하고 명료한 틀 속에서 이루어진다. 물이 흐르듯 자연스러운 흐름을 따라 기능의 배열이 되면 가장 효율적인 배치로 편의성이나 효율이 높고 혼란스럽지 아니한 배열이 된다.

Designer의 전문적인 지식의 도입과 결정

사람이 추구하는 욕구에 대한 내용을 풍부한 경험을 통해 갈망을 이해하여야 하며 사람들이 추구하는 형식적 기준과 심리적인 선택에 대한 지식을 기초로 정확한 지식을 도입할 수 있어야 된다.

Design의 Idea는 갑자기 떠오르지만 창의적 생각을 다양한 과정을 통해 성숙되게 개발, 발전되어야 되고 모든 사람에게 이용될 수 있도록 사회에 필요한 내용으로 미래의 환경에 사용되도록 Design의 의미는 포괄적인 의미를 내포하고 있어야 된다.

대다수의 사람은 지식의 정도와 깊이는 서로 다를 수

있으나 각자의 관찰력이나 그 동안 지나면서 배움을 통해 많은 지식을 보유하고 있다. 그리고 체계적으로 정리되고 논리화되지는 않은 상태로 지식을 소유하는 경우가 많다.

그러나 Design 등을 생각하게 되는 순간 본인이 이미 소유하고 있는 지식은 창의적인 Design을 유도하며 본인의 지식을 체계적으로 정리하게 되는 본능이 있으니 특별히 걱정하지 아니해도 된다. 또 주위에서 얻게 되는 정보는 자연스럽게 본인의 지식화로 만들게 된다.

Design 중에
건축설계를
중심으로
설명하여 보겠다

기능의 유기적 연속성

건축의 설계내용의 중심에는 사용하는 목적에 맞는 기능의 유기적 연속성을 갖추고 있어야 한다. 이것은 다중이 사용하기에 누구나 합리적인 접근방법으로 연계해 놓은 시설을 편리하게 사용되도록 배열하여 효율을 증대하여야 한다.

이러한 연계성이 결여되게 설계하여 놓은 건축물을 대할 때 우리는 불편함을 바로 느낄 것이다.

설계의 중심에는 사용하는 내용의 편의성을 기본으로 하고 있다.

사용공간의 유기적인 배열은 공간이용의 효율성을 높일 수 있는 중요한 고려 사항이다. 이러한 내용을 이해하려면 병원을 예로 생각하여 보자.

병원을 환자가 처음 방문시 진료를 받기 위해 외래진료에 도착하고 진료 신청한 후 의사의 진료를 통해서 검사를 받고 치료를 위한 입원을 하게 되는데 병의 내용에 따라 각각 특성적인 병동으로 분류되어 입원하게 된다.

이러한 일정한 흐름은 환자들이 병원에서 치료받는 내용에 혼란이 가지 않도록 연계적인 공간과 기능의 배열이 되어 있는 것을 확인할 수 있다.

물론 병원 시설에는 수술실, 중앙검사실, 약국 등등 환자치료 관련시설이 있고 지원시설로 식당, 중앙공급실 등 환자의 치료를 위한 병원 지원시설 다양하게 있다.

이러한 예처럼 유기적인 연속성은 일반적으로 보편성과 상식적인 기본틀로 만들어진다. 이용자의 편의성이 중요하게 고려되고 병원의 체계적인 진료체재의 구성과 조화롭게 배열되는 중요한 의미의 배열이다.

배열 중에는 공장의 생산라인에서 효율성의 증대를 위해 또는 혼란을 방지하기 위한 물리적인 체계를 갖춘 내용중심도 있다. 조립 라인의 부품의 결합이 순서대로 맞추어지는 일관 생산 라인은 구조적으로 체계화되는 순서를 유지하여 건설된다.

이런 경우에는 기술적으로 생산성과 효율성이 중요시되는 체계의 설계 목표가 된다.

우리가 자주 이용하는 재래시장 같은 장소는 다양한 종류의 상품이 진열되어 방문자가 다양한 상품에 접근할 수 있도록 균등하게 나열식 혹은 동일 종류의 상가를 집중식으로 배열하여 이용자가 쉽게 인지하여 필요한 물건에 접근할 수 있도록 한다. 그러나 시장에는 다양한 전문상가의 풍부한 물품을 선택하도록 전시가 혼재되어 특별한 질서를 유지하지 아니한 경우도 있다.

이와 같이 설계의 기능적 결합이나 연계적 구성은 단순하게 일관적인 조건의 기능이나 공간 구성도 있으나 일반적으로 다양한 형태의 접근방법을 볼 수 있다.

건축물의 설계시 중요한 기능 배열의 중요한 내용은 사람 중심의 내용이 고려되어야 한다. 평면적 형태를 가지고 있는 공간 입체적 형태를 가지고 있는 공간 등은 인체적 특성과 사람의 행동적 습관의 기준에서 설계된다.

규모의 조정

대형 공간과 소형 공간의 기본적인 내용은 다중시설에서 사용인구의 규모에 따라 공간의 크기를 결정하는 것이 일반적이다. 공간에서 사용되는 기능의 필요에 따라 규모가 계획되기도 하고 기능의 복합성에 따라 크기의 형태 혹은 규모가 결정된다.

대형 공간 조성시 일반적으로 공간의 부속기능의 체계적 연계는 많은 경우에 연계공간의 중요도에 따라 배열된다. 공간의 크기는 수치적인 단위로 그 규모의 내용이 명료하게 설명되나 공간의 크기에 대한 내용을 상대적인 평가로 할 때에는 물리적인 형태의 절대적인 평가와 다른 감성적인 평가로서 충분한 크기 혹은 불충분한 크기 등으로 표현하기도 한다.

이러한 내용은 이용자의 개인적인 느낌에 따라서 서로 다를 수도 있다. 우리는 사물을 설정할 때 분명한 내용을 결정하여 만들고 싶지만 매우 애매모호하게 표현되기도 한다.

이러한 경우를 대하게 되는 현대사회적 환경에서 절실하게 대두되는 부분의 내용이므로 최근 우리는 연속적인 변환, 즉 지속가능(Sustainable)에 대한 사고적 접근성 요구받게 되고 있다. 지속 가능이란 용어는 무척 광범위한 용어이지만 여기서의 의미는 변환이라는 의미의 설명이다.

Design은 끝나지 않는 과정이다

그들은 자유스러운 환경에서 창의적으로 대상과 목적이 없는 설계와 Design을 다루는 경우는 거의 존재하지 아니한다고 이해하면 된다.
만약 Design이 완료되어 만들어졌다 하면 일정한 시간 후 개선되고 발전된 기능이나 모양이 추가되고 변화되는 현상은 항시 볼 수 있다.
건축가나 Designer들은 기나긴 시간 항상 스스로 상상하고 훈련하기에 설계의 대상이나 목표가 정해지면 연속적인 상상의 내용을 다양하게 시도하고 구성하며 Design에 접근하여 스스로 만족하는 Design을 찾으려 하나 그들도 하나의 만족한 결과를 정해진 시간 내에 완성하여 결정하지 못하는 경우가 일반적이다. 그러므로 설계자나 Designer들은 비교적 만족한 수준의 결과에 접근하게 되면 최종의 선택을 하게 된다. 그러나 대부분의 전문가들은 더 발전된 Design이 개발될 수 있는 가능성이 존재한다는 것을 알기에 최종 Design의 완성도에 대한 만족스러움보다 아쉬움을 갖기에 계속해서 생각을 발전시키는 기회를 갖고 싶어 한다.

이러한 배경으로 Design은 끝나지 않은 과정이라는 애매한 표현을 하게 된다.

Design에 관련하여 설명하면 한 마디로 설명하기 어려운 부분이 있고 이러한 내용의 과제를 풀어 접근하는 방법은 수 없이 다양하기에 하나의 방법으로 정의하지 못한다.

Designer는 이러한 과제를 어떻게 다루며 구체적으로 완성하고 그 Design의 결과는 완성되었다고 표현하고 만족하고 있을까? 오랜시간 개발하고 발전시켰던 Design에서 결과가 최종적으로 완전히 완성되는 것이라고 설명하는 Designer는 극히 소수일 것이다.

왜냐하면 Designer는 과제의 내용을 개발하고 완성하는 과정에서 끝나지 않은 연속적인 Idea가 Designer의 내면에서 진행되고 있기에 구체적인 내용을 단계적인 방법으로 실현하여 우선적으로 결정된 내용중심으로 Design을 완성한다.

이러한 배경으로 Designer들이 실현된 내용의 완성도를 설명하면서 추가적인 개발의 여지가 있음을 여운으로 남긴다. 그러나 설계와 Design은 무한히 개발을 진행한다고 최종결과가 완전한 형태로 완성되는 것이 아니기에 일정한 시간에는 결론에 도달하는 현명한 판단으로 결정하여야 한다.

Design은 언재나 발전하는 듯 진행되어 변하고 있으므로 수학문제풀이나 퍼즐의 정답을 구하듯 명쾌한 결론에 도달이 어려운 이유다.

전문건축가나 Designer들은 어떻게 설계하고 Design 하는가에 대하여 이야기해 보자.

Design에는 확실한 과정이 존재하지 않는다

Design을 하는 과정은 일정한 방법의 정답으로 설명되지 아니한다. Design의 과정과 순서는 사람에 따라 환경에 따라 선택되는 과정이 다양하게 이루어진다.
이러한 다양한 방법은 Designer의 개성, 능력, 취향, 조건 등등의 이유로 획일적인 방법을 모두가 동일하게 선택하지 아니하나 결과에 도달한 것은 동일할 수 있다.
건축가나 Designer들의 교육이니 훈련 배경에 따라 Design에 접근하는 방법이 다르고 그들이 선택하는 방법이 각각 달라 설계의 과정이 동일한 방법으로 진행하지 않은 경우가 일반적이다. 본인이 자주 사용하는 개발방법의 선택은 많은 설계를 수행하는 과정에서 터득하여 체계적으로 정리한 방법을 선호한다.
다음에 설명하여 놓은 설계의 방법들은 논리적인 분석에 의하여 분류하여 만들어진 내용으로 건축가들도 다양한 방법의 Design 개발 접근 방법을 건축가마다 다르게 사용하고 있다는 것은 이해하고 있으나 특별하게 관심을 두는 내용이 아닐 것이다.
그리고 설명하여 놓은 용어도 생소하게 생각될 것이므로 일반적으로 Design에 대한 관심이 있는 사람은 복잡하게 분류된 내용에 대하여 큰 의미를 둘 필요가 없다고 본다.
분류별로 설계의 Design 개발 접근 방법의 예를 일부 소개하면 아래와 같은 분류를 논리적인 기준으로 연구 분석하여 놓은 이론이 있다.

* 공간의 용도의 성격에 따른 구성 (Gene activation diagram:)
설계의 초기 접근 방법으로 공간의 기능 연계별로 형태를 구성하여 전개형태로 조합하며 설계로서 주제의

내용에 충실한 설계를 위한 접근 방법의 선택

* 기능의 연계적 흐름 (Trajectory diagram;)

설계의 Design Concept을 미리 설정하여 개발의 내용 분석 과정의 방향흐름에 따라 발생하는 새로운 요소를 도입하여 종합화하는 방법.

* 공간의 입체적 관계연결 중심 (Hypercube diagram;)

설계의 기능의 요소의 분석적 배열의 공간적 구성을 활성화하여 평면 입체적 구성에 접근하는 설계방법

* 공간의 기능별 연관성 조직구성 (Network diagram;)시설의 기능별 요소의 연계성

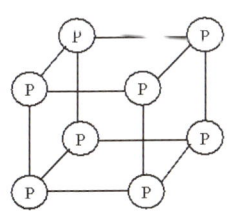
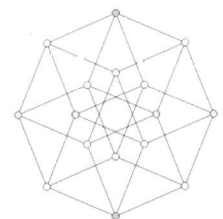

중심의 체계개발로서 공간설계 접근방법

* 공간의 이용방법 (Perturbation diagram;)

주 기능을 지원하는 동일성격의 지원기능 구성을 단위별로 체계를 조성하여 공간과 공간 사이에 형성되는 기능별 관계에 의한 공간기능의 영향의 중요도에 중심을 두고 설계에 접근하는 방법

* Synchronous system

기능의 연계중심의 평가기준을 종합하여 일관적인 형태의 구성을 기본으로 체계화하는 방법

* 기능의 우선적 중요도 선택중심 (Hierarchical network diagram)

중요기능 우선의 평면적 혹은 입체적 접근방식

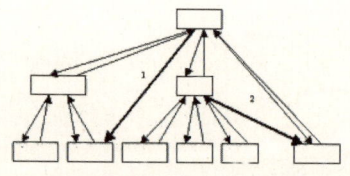

Design에는 확실한 과정이 존재하지 않는다

이외에 다양한 과정의 Design 개발이 존재하며 이러한 방법의 선택은 각각 다르나 최종의 결과는 Design을 완성하게 된다.

건축가는 전문인으로 설계의 내용을 완성할 때 포함되어야 하는 내용은 건축설계에서 기능적인 내용의 정립은 단순하고 분명하게 정립되어야 한다.

설계자는 공사담당자가 건물 관련된 사항을 정리하여 공사를 진행할 수 있도록 건축물 평면도, 입면도, 단면도, 재료의 내용, 상세도 및 공사를 위한 방식 등의 내용을 정립하여 만족할만한 수준의 건축물 공사가 완료될 수 있도록 하여야 된다.

그리고 설계의 내용에 포함될 사항은 건축물이 기능적 구성과 물리적형태의 공간이 목적에 만족스럽게 사용될 수 있어야 한다.

또 설계시 선택된 자재 및 건축에 사용된 기구나 건축물을 구성하는 요소는 장기간 이용에 불편하지 않도록 고려되어야 된다.

Design과 설계는 과제의 의미를 찾고 문제를 해결하는 과정이다

건축가나 Designer들은 설계대상에 대한 구체적 기능과 용도, 시설의 규모, 시설의 위치적 환경, 도시계획적 환경, 시설관련 법규, 건축물의 사용가능한 재료, 설계대상 건물의 시설내용 등등 제반사항을 종합적으로 또 체계적으로 분석하고 수행하여야할 과제를 해결하는데 충분한 검토를 한다.

이와 더불어 건축물의 조형적 내용선택을 통한 아름다움을 연출하는 Design을 만드는 것이다.

설계의 내용은 자연환경과의 조화, 건물기능에 필요한 기술관련 검토 및 적용, 건축물을 이용하는 대상에게 적절한 시설로서 만족한 이용을 위한 내용검토 및 대상 시설에 관련된 교통, 주차기능 등을 검토하고 건축물 실내 Design 및 가구배치 등등을 검토하고 적절한 선택을 하여 건축물을 완성한다.

앞에서 일부 언급한 건축설계는 단지 아름다움에 대한 Design만이 아니고 많은 전문 기술관련 전문가와 협력하여 필요한 정보를 종합하여야 한다는 내용이 이해될거라 생각된다.

설계나 Design에는 다양한 지식이 필요한 이유는 하나의 건축물이나 Design을 완성하기 위해서는 많은 부분의 협동 작업이 필요하기에 서로 소통하며 지식을 교환하고 선택하며 넓은 분야의 지식이 필요하다.

창의적 사고 개발에서 지식과 이해력

최근 지식의 도입은 지난 1, 20년 동안 상상할 수 없는 정보사회의 Data 공유로 변하여 지식에 접근하기 쉬워졌다. 창의적 활동에서 지식에 대한 이해력은 무척 중요하다.

필요한 지식의 적정한 선택의 능력은 창의적인 사고 개발을 기초로한 Design 완성에 절대적인 부분을 차지하고 있기 때문이다.
Data로 구성되어 있는 헤아릴 수 없이 너무 많은 자료를 분류하고 이해 하는 것은 쉬운 일이 아니라는 것도 우리는 너무나 잘 알고 있다.
흘러 넘치는 자료와 지식은 오히려 내용을 분류하고 선택하는 데 도움보다 혼란을 야기하기도 한다.
지식을 구체적으로 공급하는 정보형태의 내용을 분리하고 선택하고 이용가치를 판단, 실현하는 내용의 지식 뿐이 아니라 창의적인 생각의 내용에 대한 가치적 판단과 더불어 전문지식의 결합은 매우 복잡한 사고력이 필요하여 때론 단순한 선택으로 목적한 결론에 명쾌하게 접근하는 경우가 많다.

설계, Design, 정보, 지식, 기술
설계를 하면 무척 명료하게 정리되고 과정의 순서 체계가 잘 짜여지는 것을 보게 된다. 생각이 정리된 이후 아주 합리적인 순서에 의해 정보와 지식을 이용하여 관련 사항을 조직적으로 구성하여 완성을 위한 과정을 수행한다.

이것은 공장에서 제품생산 조립 라인처럼 유기적인 연계체계와 같아 이를 두고 처리하다 영어로 Processing 이라 하며 진행하는 기본틀을 체계화하는 것이다.

정보와 지식의 종합하는 과정인 계획은, 즉 영어로 Programing 이라는 과정이 있다.

이 종합과정은 Design에 관련한 모든 지식의 정보교류를 기초로 통합 완료하게 된다. Design에 필요한 전문지식의 영역은 대단히 광범위하게 사용되고 응용 되기에 Design 발전 과정에 다수의 전문가와 함께 개발한다. 여기에서 설명하는 전문가는 두 가지의 내용으로 분리하여 생각할 수 있다.

특히 Design에서 design을 실현하기 위해 기술 분야의 전문적인 지식지원이 필요하다. 전문지식은 한 분야에서 다양한 경험과 지식을 쌓아 숙련된 기술을 확보하고 있는 전문인의 지식과 자료의 도움을 받을 수 있다.

기술의 지식은 분야별 특수성이 있어 집중적으로 특화되는 분야별로 나누어진 것이다.
전문 지식분야는 한 마디로 설명하기에는 너무나 넓은 범위다.
기술분야의 지식보다 먼저 접하게 되는 부분이 design에서 다양한 인문분야의 환경에 접하는 경우다. Designer가 사회 인문적 분야에 깊은 지식을 소유하지 아니한 경우가 일반적이다. 이러한 경우에도 전문인으로부터 많은 전문적인 분야의 도움을 받을 수 있다.
한 가지의 예를 들면 통계적인 분야의 자료 등을 설명하면 수요예측과 같은 분야의 연구적인 통계자료로서 Design의 이용가치와 사용기회적인 예측을 위해 판단을 위한 수치적 통계 등 여러 전문지식의 결합이 Design의 최종 선택의 판단을 유도하는 전문적인 지식들이다.
다양한 정보, 지식과의 결합은 Design에서 필연적인 사항이며 다양한 전문분야를 통합하는 과정은 단순하게 짧은 순간에 이루어지는 것보다 오랜 시간동안 개발과정을 통해 해당 가능한 전문분야를 탐색하고 부분적 활용을 위한 연구 분석과정을 통해 점진적으로 개발의 완성에 접근하게 된다.

이러한 과정은 Idea에서 제안되었던 내용의 Design이 수정, 보완되는 경험을 하는 것이 일반적이다.

이러하듯 Design은 한순간에 완성된다기보다 점진적인 개발과정을 통하여 완성된다.

이러한 내용을 기초로 한 사물의 Design과 건축물의 Design시 특이하게 다른 사항은 건축물은 자연환경과 함께 존재하는 것이기에 독립적으로 조각처럼 완성될 수 없다.

건축물이 주위 환경과 조화를 이루고 자연 환경에 순응하고 도시의 많은 건축 등 도시적 환경과 조화로운 외관을 유지하며 선택된 위치에 적절하게 배치되어야 하는 건축물의 특성이 있다.

건축물은 공간의 구성을 Design하는 중요한 의미가 있다. 이 공간을 구성하고 포장하여 모양을 완성하는 것이 건축이다.

공간

공간에는 채워진 공간과 빈 공간이 있다.

공간은 3차원 세계다.

이 공간을 우리는 자유롭게 표현하며 다양한 형태를 Design한다.

공간을 2차원에서는 선으로 나누고 3차원에서는 면으로 나눈다. 나눈다는 표현은 공간의 영역성을 정립하는 것이다. 공간이란 벽이라는 것을 설정하여 일정한 영역성 표시를 기본으로 만들어진 것을 이야기한다.

건축에는 다양한 형태의 공간이 존재한다.

건축적으로 구성한 공간에는 기능을 중심으로 가구 등 다양한 용도의 기물이 채워지고 공간의 내용물에 따라 무한한 형태적 변화가 이루어진다.

공간을 느끼는 감성은 사람마다 다른 느낌을 가지게 된다고 볼 수 있다.

공간의 느낌을 표현하는 내용도 사람마다 다르다. 어떤 이는 넓다, 좁다, 또 밝다, 어둡다, 답답하다, 시원하다, 복잡하다, 단순하다, 넓다, 낮다 하며 본인이 느끼는 대로 보이기에 공통의 표준을 가지기가 어렵다.

공간의 크기를 인지하는 단위는 일반생활에서 몸을 움직여 활동하는 범위를 기준으로 여유로운 공간이 함께 하면 우리는 공간이 크고 충분하다고 느낄 것이다.

공간의 규모는 길이와 면적으로 표현되고 인지되어 아주 소형공간으로부터 대규모 공간까지 형성된다. 여기에서 이야기 하는 공간의 의미는 1차적으로 단순형태를 기본으로 하는 규모의 기준으로 이해하기로 한다.

공간의 크기에 대하여 설명할 때 여러 방법으로 설명이 된다. 첫번째 느낌과 감성으로 크기에 대해 인지하게 된다. 이 경우에는 사람마다 느낌이 다르기에 애매함이 존재한다. 그 다음 얼마나 크기에 대해 설명 때 개인의 다른 경험을 기초 배경으로 한 기준이 크기를 인지하고 설명하기도 하지만 대부분의 경우 우리가 사용하고 있는 기준 척도, 단위를 기본으로 하여 그기를 설명하여 객관적인 크기를 표현한다.

2차원적인 도면 등에서 공간의 규모를 설명할 때에는 단위척도로 표현한다.

182

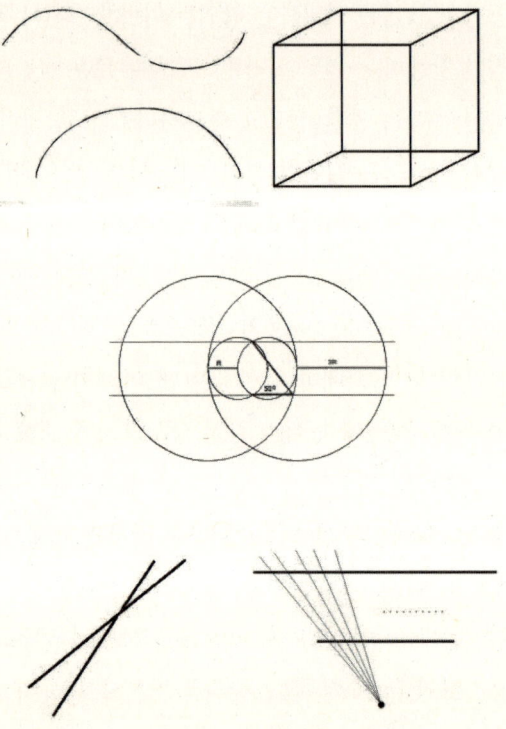

공간을 설명할 때 기본적으로 가장 단순한 형태는 상하 좌우면으로 구성된 형태인 사각형 평면을 기본으로 한 사각상자와 삼각형의 평면을 기본으로 한 삼각뿔로 피라미드와 같은 공간도 있고 공으로 원을 기본으로 하는 형태의 공간이 있으며 이러한 형태는 3차원 공간을 단순하고 명료하게 설명될 수 있다.

사각형을 기본으로 시작하는 입방체는 마름모꼴 입방체, 사다리꼴 입방체, 직사 입방체 등 각각의 방향성과 중심축의 변화에 따라 모양이 달라진다.

삼각형이나 원, 공에서도 동일한 변화를 이르켜 다양한 형태를 만든다.

선은 직선과 곡선으로 표현하면 각각의 형태가 표현되는 3차원 공간에서 사용하는 평면과 곡면이 사용되어 공간을 나누기도 하며 형태를 구성한다. 공간의 나눔을 형성하는 것은 설명처럼 무척 단순하다. 선이 기하학적인 형태를 구성하는 기본이기도 하지만 방향성을 나타내는 기본이 되기도 한다.

표현의 구성

모양

현대 건축물의 외양의 모양이나 형태는 기술의 발전과 재료 내용의 영향이 지대하였다. 건축물 설계시 구조, 설비 등 다양한 기술적인 지원 속에 변화를 거듭하였다.

최근의 건축물들은 예전에 경험하지 못했던 형태적인 변화를 보게 되었는데 그 배경에는 컴퓨터 등의 지원을 기술의 실현 가능성이 높아져 까다로운 모양의 건축물의 기술적인 해석이 가능하여 건축이 실현되었다.

기술의 지원 정도에 따라 아직도 실현되도록 노력하는

자연순응형 건축물의 다각도로 개발된 건축물을 가까운 미래에 볼 수 있을 것이다.

건축물의 Design에서 형태적인 아름다움도 의미가 있겠으나 내·외부 공간의 기능적인 내용이 충실하여 건축물이 사람에게 편하게 사용하게 건축되는 것이 중요하다.

그러면 건축물의 형태적 중심의 다양성의 기본을 단순하게 접근하여 보자.

먼저 Box형 사각 및 직사각형 건물의 사진을 보자.

이러한 건축물은 도시의 대부분을 차지하고 있는 것을 보았을거다. 이러한 건물은 필요한 기능적인 요구의 면적을 기둥과 반복되는 바닥을 위로 올리고 외부에 벽을 막아 가장 경제적인 활용도를 표현한 건축물 들이다. 건축물의 외피는 유리로 된 창과 다양한 재료를 사용하여 외부를 완성한 선물들이다.

사각 및 직사각형 건물

자유곡선 형태 건물

현대 건축 중 최근 20년간 변화를 나타내는 건축물들은 자유로운 곡선 형태의 유연한 모습을 하는 다양한 건축물이다.

이러한 형태의 모습은 자연에서 발견하는 아름다운 형태를 우리가 창조하는 인공적인 건축물에 도입하여 친숙하고 자연스러운 아름다움을 창조하고자 하는 의도의 결과다. 현대적인 기술의 발전과 새로운 재료개발로 자유스러운 형태의 건축의 실현이 가능하게 되었다.

삼각뿔 모양 건물

고대건축물에서 자주 접하게 되는 건축물의 기본형으로 구조적인 안정성을 기본으로 하는 건축물이다. 이러한 형태적 기본을 이용하여 아름다운 외관만이 아니라 실내공간을 실현한 프랑스 파리 루브르 박물관 중앙부의 유리 피라미드를 기억할 것이다.

공 형태 건물

마름모꼴 형태 건물

공간의 크기와 형태는 기능과 사용자의 필요에 의해 결정되며 그 구성은 다양하게 구성할 수 있다. 면으로 이루어지는 평면적 혹은 곡면으로 만들어지는 벽면은 공간의 분할과 더불어 다양한 형태가 꾸며진다.

또 여러 개의 공간이 필요에 의해서 배치되는데 평면적으로 기능의 유기성을 고려하여 구성하며 수직적인 방향으로 구성되기도 한다

이러한 형태는 상하 좌우 혹은 측면에서 힘이나 무게에 의하여 변형되는 형태처럼 변형되어 다양한 모습이

된다. 건축물의 형태를 볼 때 수평 및 수직을 중심으로 균형적인 안정성을 느끼게 되는 것이 일반적이지만 경사면으로 구성된 건축에서는 무게의 배분을 감지할 수 있게 형태적으로 나타나게 되는데 이 경우 안정성과 불안정성의 대지적 느낌을 갖게 되는데 건축 구조기술의 기준으로 보게 되면 무척 단순한 Design의 이치로 설계되어 존재하고 있는 것을 본다.

건축물의 표면은 어떻게 표현되는 것일까?

건축물에는 다양한 색상이 연출된다. 이러한 색상의 선택과 연출은 사용되는 재료의 색상이기도 하지만 재료가 가지고 있는 질감에 따라 변화있게 여러 모습이 나타난다.

표면은 여러 형태의 크기로 나누어지는 분할되는 면이 있게 되는데 재료의 성격에 따라 면의 분할이 나타나기도 한다. 건축물에 나타나는 표현현상 중에는 선, 면 등의 형태적인 반복이 되는 문양과 같은 현상이 대형 건물 등의 표면에 조합과 반복이 이루어지기도 한다.

건축물의 구조 중에 형태를 갖추기 위한 건물의 표면

은 다양한 재료로 표현되고 있다. 재료는 목재, 콘크리트, 유리, 알루미늄, 철판, 인조 플라스틱, 복합합성 판넬, 켄버스, 시트, 철망, 대리석 등의 석제, 타일, 이외 다양한 재료로 건물의 외피를 구성한다.

이러한 재료의 선택은 건물외관의 모양을 구성하게 되지만 건물의 에너지 관련 기준 등등 기술적인 효율을 기초로 선택되기도 한다. 물론 건축물의 형태에 따른 마감 자재로서 가장 경제적이고 건물의 내구성을 유지하기 위한 재료의 선택이 중요하게 고려된다.

현대 건축에서는 건축 Design에서 유연한 형태의 건축물 설계를 볼 수 있고 특별한 형태의 건축설계가 이루어지고 있기에 새로운 다양한 자재의 개발이 계속되고 있다.

27

Design과 설계는 주관적인 가치평가의 선택이 필연적으로 따르게 된다

설계는 여러 분야의 전문지식과 기술이 융합되는 공동작업의 과정이며 공동으로 참여하는 부분의 내용이 반영되는 종합으로 완성되는 것이지만 최종 선택은 설계의 책임을 맡은 Designer 혹은 건축가의 단독적인 최종 선택으로 결정되는 경우가 대부분이다. 이러한 내용을 이해하려면 오케스트라 지휘자의 역할과 동일함을 통해서 이해하면 된다.

음악의 조화로운 화음은 지휘자의 연출과 의도에 의하여 음악을 만들어놓은 것과 동일하게 건축가는 설계의 진행 단계마다 필요한 중요요소의 선택과 결정을 수행하며 최종으로 완성되는 Design이나 건축물을 완성한다.

건축가는 때론 객관적인 기준을 중심으로 평가하고 선택하려 하지만 많은 부분의 의사결정 환경은 객관적이기 보다 건축가의 주관적인 선택이 필연적일 경우가 허다하다. Design에서는 구체적 형태의 형성과정에서 특정하고 분명한 정답을 유출하는 데 어려움이 항시 나타나기 때문이다.

앞에서 여러 차례 이야기하였 듯 Design의 전개과정은 무한한 연속성이 존재하기에 건축가는 결정을 요구하는 시간적 환경에서는 본인의 현명한 결정이 요구되므로 결정을 수행하여야 하는 데 때론 만족할 수준의 결정일 수도 있으나 많은 경우에 아쉬움이 있는 결정도 있을 수 있다. 왜냐하면 선택은 완성을 위한 필연적 환경이다.

건축 설계나 Design에서 중요한 부분은 아름다운 건축을 만드는 것이다. 그리고 지역적 환경으로 도시적 환경이나 자연환경에 맞추어 조화를 이루는 것이다.

건축에서 설계자에게서 요구되는 사항은 건축물의 사용목적의 내용에 만족하도록 설계하여야 된다. 그러나 자주 건축물의 아름다운은 가지고 있으나 건축물의 내부의 기능적 구성이 잘못되어 사용자의 불편함을 가져오는 경우를 보기도 한다.

설계는 자기만을 위한 설계로서 완성된다는 생각 전에 완성된 건축시설이 다양한 사람이 사용하므로 설계내용에 대한 이해가 무엇보다도 중요한 사항이다.

특히 현대 사회의 변화흐름에 따라 건물에서 요구되는 중요한 부분은 변화되는 용도에 맞게 사용될 수 있도록 설계하는 예지가 필요하다.

이것은 설계시 가장 어려운 부분으로 자료와 정보를 종합하는 설계자의 Design의 방향 설정하는 데 해박한 지식이 필요하다.

건축설계를 하기 위해서는 주위에서 일어나는 경험과 많은 사물에 대한 관심과 이해를 가져야 한다. 건축물의 기능에 대한 기본적 이해와 준비가 갖추어지지 아니하면 좋은 건축물 설계에 접근하기 어렵다.

가설건축물은 단기간 유지되다 소멸되지만 건축물은 오랫동안 우리에게 사용될 건축물이기에 설계자의 책임이 요구된다.

설계자가 미래를 예측하기 어렵겠지만 미래에도 다양한 기능의 변화에 순응되는 건축물을 설계하면 얼마나 좋을까 하고 생각한다.

지금도 우리는 오래된 건축물을 잘 보전하고 아끼면서 만족하게 이용하는 건축물이 있으며 이를 이르기를 위대한 건축이라고 한다.

좋은 건축물을 설계하는 것은 쉽지 아니하고 많은 노력의 결과로 성취한다.

건축은 예술인가?

건축과 예술에 대한 이야기는 오래 전부터 그 의미에 대하여 이야기되고 있다.

건축에는 기능적이고 실용성이 있는 목적이 적용되는 내용이 중요시되어 필요한 내용을 만족하게 하여주는 시설물로서 건축되어 있으며 건축물의 아름다움이 이루어 지도록 표현되고 완성된다.

건축설계의 행위를 진행하는 건축가는 예술적인 영역의 사고를 기본으로 하며 동시에 실용의 정확한 목적을 성취하여 건축물 설계를 한다.

그러한 건축물들을 참고하여 보면 많은 위대한 건축물

건축은 예술인가?

을 우리 주위에서 찾아볼 수 있으며 건축물들은 조각품과 같은 예술적인 가치를 느끼게 완성되어 있다.

일반적으로 우리가 감상하는 평면적 표현의 예술과 입체적 표현의 예술들은 공통적으로 작가들의 감성을 표현하여 작품을 완성하여 표현하고 이를 작품이라 한다. 건축가들이 많은 시간을 보내며 추구하는 설계의 종국적인 결과물은 예술 작품처럼 완성되기를 희망하고 있다.

그리고 건축가들이 예술적 가치를 추구하며 진행하는 건축물로서의 결과는 실용성이 동시에 반영되는 설계 행위를 하며 이것을 Practice한다고 한다.

예술가들이 사용하는 작품이라는 의미의 내용과 건축가들이 사용하는 작품의 용어적 의미는 그의 근본적인 내용에서 분명한 차이가 있다.

이러한 의미로 건축가들이 실현하여 놓은 건축물을 보면 현대의 위대한 건축가로 칭송받고 있는 건축가 Le Corbusier가 설계한 Rompchamp Chapel은 프랑스 북부의 나지막한 언덕 위에 조각처럼 세워져 있는 종교

Ronchamp Chapel

Bilbao Guggenheim 미술관

시설 건축물의 아름다움이 예술품처럼 사랑을 받고 있다. 또 많은 사람으로부터 조각적인 예술품으로 사랑을 받고 있는 스페인 Bilbao의 Guggenheim 미술관은 현대 건축가 Frank Gehry의 설계로 완성되어 건축과 예술의 의미에 대하여 경계가 애매할 정도로 잘 표현되어 사람들로부터 사랑을 받고 있다.

많은 사람들이 존경하는 건축가들이 실현하여 놓은 유명한 건축물에는 건축가들이 혼신을 다해 창작한 건축물을 통해서 예술적으로 승화되어 건축이 예술의 한부분으로 사람들에게 전하게 되었다. 건축물이 담고 있는 건축물의 외관과 내부공간의 아름다움은 우리 모두가 소유하고 싶은 모습이다.

이러한 예 이외에도 너무나 많은 건축물이 예술적인 가치를 가지고 있어서 많은 사람으로부터 사랑을 받아 방문자들이 끝임없이 찾아 들고 있다.

Sagrada Familia, Barcelona

건축은 예술인가?

근대건축가로 세상에 많이 알려진 Spain의 건축가 Antonio Gaudi의 건축은 특히 세계의 모든 사람으로부터 사랑을 받고 있는 건축물로서 환상적이고 매력적인 모습이 건축에 대한 예술적 가치를 승화시켜 놓았다.

건축에서 Gaudi의 창의적인 표현은 종전의 건축에서 나타나는 기본적인 직선과 평면적인 단순한 내용과는 전혀 다른 회화적인 표현은 말로 표현하기 조차 어려운 면을 성취하여 놓아 건축의 예술성을 엿보게 하여 지금도 그의 건축을 보러 많은 사람이 방문하고 있다.

건축은 예술인가?

Guell Park, Barcelona

담양 소쇄원과 한옥촌

건축은 예술인가?

근대 혹은 현대 건축물 중 우리나라에도 많은 건축물이 예술적 가치를 지니고 있는 건축물이 많이 있다.
우리나라의 옛 건축물들은 특히 자연과의 조화를 배경으로 새워져 있는 특성이 나타나고 있다. 자연과 더불어 아름다움을 나타내는 것은 건축물만으로 나타나는 예술적 의미보다 훨씬 예술적 의미를 더하여 준다. 이러한 예는 자연에 대한 이해가 깊은 것으로 이해하는 것이 타당할 것이다.
예술과 건축의 경계가 애매한 경우를 자주 보게 된다. 우리의 옛사람들은 자연과의 조화로움에 대한 이해와 여유가 있었는데 우리의 현대건축이 조화의 미를 갖지 못하고 있다면 현대생활에 스며들도록 노력하여야 되는 느낌을 강하게 갖게 한다.
설계와 Design의 동기 유발은 무척 단순하다. 시작점의 경우는 충동적 접근, 사고적 접근 등 다양한 배경으로 시작되지만 설계나 Design은 그림이나 도면을 통해서 이야기하듯 전개하며 완성하는 것이다. 앞에서 여러 과정을 설명하였듯이 진행과정의 순서대로 점진적

안동

으로 개발하고 발전하여 결과는 형태적 구성으로 나타난다.

특별한 재능으로 좋은 설계가 성취되는 경우도 있지만 Design은 새로운 시작에서부터 완성하는 과정은 많은 시간과 노력이 필요하고 설계과정에 참여하는 많은 전문가들과 기능인이 함께 노력하여 만드는 집합체가 건축물이다.

일반적으로 사물을 형상화하는 의도에서 시작되는 것은 모든 것이 동시에 형태적 구성으로 구체화 되는 것보다 단계적으로 개발과정을 통해서 완성되는 것을 볼 수 있다. Design과 설계는 점차적으로 단계의 발전적인 진행에 의해 만들어진다.

이러한 내용은 건축가가 만들어놓은 이야기를 건축설계 혹은 Design으로 전달한다.

건축물에는 다양한 이야기가 스며들어 있나. 도시나 자연 환경에서 건축물이 차지하고 있는 곳에는 건축의 이야기가 전해지기 마련이다. 때론 조각처럼 혹은 상자처럼 혹은 유리그릇처럼 세워져 있기도 하고 때로는 자연의 일부처럼 존재하기도 하는 것이다.
이러한 건축물에 스며들어 있는 내용은 건축가들이 건축물이 사용하는 사람에게 표현하고 전달되는 이야기가 들어 있다.
우리가 건축물을 대할 때 건축가들이 마련해 놓은 공간에서 그들이 전달하는 내용에 고마운 느낌을 가지게 될 때는 건축가의 이야기가 잘 전달된 것이고 만약 불편하거나 불안정한 느낌을 받으면 건축가의 이야기를 듣지 못하는 것과 같다.

소설과 Design은 글처럼

그 동안의 내용을 간단히 요약하여 보면 건축설계나 Design은 소설을 쓰는 것 처럼 그려 나가는 것이다. 우리는 하루하루 지내면서 눈에 보이는 모든 것들이 나를 가르치고 있으므로 천천히 생각하면 답은 이미 나에게 있어 표현하고 그리면 되는데 주저하면서 이 생각 저 생각하며 이야기하듯 그리면서 생각하는 답을 찾아가고 필요하면 그 내용을 추가하고 수정하면서 만들면 된다.

* 간단명료하게 생각하라.
* 하나의 방법만으로 결과를 만들지 말고 다양한 방법으로 접근하라.
* 기능중심의 명료한 Design을 하라.
* 사용자의 편에서 필요한 내용중심으로 진행하라.

이렇게 하여 우리는 재미있는 세상을 만드는 데 참여한다.
Design이나 설계에 대한 범위의 용어적 설명을 그 동안 이야기하였는데 내용의 중심은 건축적인 Design과 일반적인 용기나 기구의 창조적 Design에 대한 접근방법에 기준하여 설명하였다.
Design 용어의 용어적 의미는 우리가 살고 있는 세상일의 모든 면에 적용되고 있다고 설명될 수 있다.
생각하고 있는 것을 곰곰이 생각하며 그리고 표현하고 다듬고 조금씩 더해가면 생각하는 목표에 도달하게 되니 서두르지 말고 걱정하여 한 번에 해결하려 들지 아니하면 좋은 결과로 완성되리라 본다.

설계와 Design의 과정은 여행하는 과정과 비슷하다

어느 특별한 여행계획을 시작할 때 방문을 계획하는 장소에 대한 호기심과 기대가 가득하여 많은 준비를 하게 된다. 여행 목적이 정해지면 여행지에 대한 정보를 수집하고 여행지에서 일정을 준비한다. 여행지를 방문하는 목적은 아름다운 경치를 기대하기도 하고 문화를 즐기기 위한 여행이거나 Shopping 등의 여행일 수도 있다.

설계와 Design도 이러한 여행 계획과 다르지 아니한 동기로 시작되고 목적하는 내용의 결과를 위해 준비하며 여행 일정 동안 다양한 경험을 하며 즐거운 시간을 갖는다.

여행 중 계획한 예상과 달리 예기치 못한 새로운 경험을 하게 되고 예상한 기대보다 많은 즐거운 기회를 갖는다. 아름다운 경치도 보고 여행지의 사람 사는 세상, 복잡하고 여러 풍물이 있는 시장 풍경, 예술과 문화 등 다양한 세상을 구경하며 글로 표현하기조차 어려운 경험을 하는데 이러한 것이 여행의 참맛일 것이다.

설계하는 과정에도 여러 가지 생각과 다양한 고민 속에서 조금씩 발전적으로 나타나는 창의적 결과의 신비로움은 무엇보다 성취의 무한한 만족함과 즐거움을 준다.

그러나 설계 혹은 Design을 진행하는 동안 어려움에 봉착하기도 하고 실패라는 결과도 보게 될 것이다. 그러나 그러한 과정은 발전을 위한 참고가 될 것이고 계속해서 목적한 방향으로 노력하면 좋은 결과에 도달할 것이다.

미지의 세계를 여행하는 것은 준비한 자료 혹은 정보가 있으나 많은 경우 다르게 일어나는 현상을 경험한다는 것을 우리는 이미 알고 있다. 그러나 진행하고 있는 여행은 이미 시작했기에 즐거운 결과와 재미있는 시간을 갖고자 일정을 조정하고 새로운 곳을 찾으면서 좋은 시간을 만든다. 그리고 여행의 즐거움을 기억한다.

다음에 그 여행을 다시 한다면 실수 없이 좋은 시간을 갖게 될거라고 기대하게 된다.

얼마 전에 나는 어느 교수의 여행이야기를 재미있게 들었는데 교수는 남미의 페루를 홀로 수개월 여행하고 돌아왔다. 그가 경험한 페루의 문화와 자연의 황홀함에 대하여 많은 이야기를 들려 주었는데 여행기간 중에 경험한 현지민의 친절함과 순박함에 매료되었다고 한다. 그의 여행기간 중 보게 되는 자연 풍광과 문화에 깊은 인상을 받아 조금 더 즐거운 여행을 위해 새로운 계획으로 페루에서 이웃나라 볼리비아로 여행을 하려고 버스를 이용하여 변방의 국경도시에 도착하여 택시로 이동하여 이웃 나라로 가는 방법을 선택하였다 한다.

그런데 그 지역 사람들의 순박함과 친절만 믿고 택시를 타고 국경으로 가는 도중 예기치도 못한 불행한 경험을 하게 되었는데 택시기사가 강도로 변하여 강도에게 가지고 있는 모든 것을 빼앗기고 말았다. 그 동안 여행 중 몇 개월 동안 각지에서 찍은 귀중한 사진들과 카메라 마저 모두 잃었다고 한다.

그는 변방국경의 생소한 곳으로부터 긴 시간 걸어서 그곳 경찰서에 도움을 요청하였는데 예기치도 못하였는데 우연히 현지에 봉사나온 한국의 KOICA 봉사단원의 도움을 받아 페루 수도 리마에 도착하였다 한다.

우리는 어려움을 당할 때 예기치 않은 길이 찾아져서 문제를 풀 수 있는 기회를 갖을 수도 있는데 이러한 경우일거라 생각된다. 그리고 나만 이러한 불행하고 어려움을 경험하지 아니한다는 사실이다. 누구나 어려운 환경에 봉착하는 경험을 하고 있다.

그 교수는 페루 리마의 숙소에서 만나게 된 홀로 여행하는 다른 사람들에게 주의하라는 의도로 본인이 당한 경험을 이야기하였더니 모두 이구동성으로 이미 강

설계와 Design의 과정은 여행하는 과정과 비슷하다

도를 당한 경험을 이야기를 하더라고 했다. 미지의 세계로 외롭게 혼자 여행하는 것이 자유로운 시간을 홀로 즐길 수는 있지만 예기치 못한 문제가 발생할 때에 속수무책으로 당한다는 이야기다.

이와 같은 경우에는 여행의 불확실성 때문에 고생하게 되는 것처럼 설계나 Design을 진행할 때에도 많은 경우 순조롭게 예상한 결과에 도달하기 쉽지 않은 경우가 많다. 그러나 새로운 길을 찾아 방향을 찾고 도움을 찾으면 길이 보이고 목적하는 방향에 도달하게 될 것이다.

때로는 새로운 시작이 필요하게 될 경우도 있다. 처음의 단순한 시작에서 진행하는 과정에 추가적인 조건 등이 나타날 때 문제를 푸는 새로운 접근 방법을 찾게 되고 다시 전 과정을 진행하게 되는 경우를 말한다.

이러하듯 중요한 내용은 인내를 가지고 꾸준히 노력하여 해결하는 것이 중요하다.

우리 주변을 보면 모든 사물의 다양함은 나에게 정보도 되고 지식으로 가르쳐 주며 무엇이든 실행 가능하게 진행시킬 수 있는 것들로 채워져 있다고 믿으면 된다.

현재 우리의 일부처럼 사용되고 있는 Internet에서의 다양한 정보는 무궁무진하다. Internet에서 찾는 정보들은 비슷한 문재들을 다루면서 만들어진 자료들이 있어 자료를 잘 이용하면 찾고 있는 모든 질문에 대한 답을 쉽게 찾을 수 있다.

Internet에 들어 있는 내용들을 보면 우리와 같은 고민을 하면서 그들이 표현하고 만들어놓은 자료가 넘쳐난다.

다양한 정보 접근방법은 스스로 찾아보고 배우면 익숙해지고 이러한 방법을 잘 이용하면 아름다운 소설책처럼 아름다운 이야기를 전개하듯 설계와 Design을 통하여 실현할 수 있다.

Design 하고 싶은 것을 그리고 싶은데 표현하는 방법에 익숙하지 아니한데 어떻게 표현하는 훈련을 할 수 있을까?

무척 쉬운 방법으로 연필이나 볼펜 등 필기기구로 눈

설계와 Design의 과정은 여행하는 과정과 비슷하다

에 보이는 것을 아무렇게나 그려보면서 시작하면 된다. 처음 시작할 때에는 어린애들의 그림처럼 서투르게 표현될 것이다. 그러나 생각한 것에 비슷하게 반복적으로 수정하고 또 계속해서 자주 그려 보면 어느 순간에 본인의 표현 능력이 상상할 수 없는 속도로 변하고 있는 사실을 깨닫게 된다. 화가나 전문인들의 Sketch도 처음부터 잘하지 못하였다. 학생들이 그림을 배우러 학원에 가서 많은 시간 연습하고 그리면서 놀랍게도 짧은 시간안에 표현하려는 내용을 그리게 되는 걸 보게 된다.

누구나 자주 그리고 연습하면 점점 잘 그리게 되는데 오히려 학원 배우게 되는 획일적으로 훈련되는 교육은 개성적인 표현을 실현 못 할 수도 있는데 스스로의 연습을 통해 그리게 되면 본인의 개성이 있는 표현이 쉽게 된다는 것을 알게 될 것이다. 표현의 내용을 예술가처럼 표현할 필요는 없다.

유명한 건축가나 Fashion Designer들도 표현하는 Sketch가 모두 아름답고 멋있게 그리지 못하는 Designer들도 있다.

아름다운 표현은 안 될지라도 중요한 내용에 본인의 독창적이고 개성이 나타나는 표현을 하게 되어 설계나 Design을 하는 데 활용하고 있다.

여러분이 미술전시장에서 화가들이 그려 놓은 그림 중에 Sketch하여 놓은 자료를 보면 전통적으로 상세하게 잘 그려놓은 그림들과 전혀 다른 방법으로 자기의 개성적인 표현을 보면서 의아한 생각을 했었던 기억이 있었으리라고 본다.

그리고 표현하는 것에는 법칙도 기준도 존재하지 아니하며 서로 소통하는 데 충분하면 된다.

사물에 대한 관찰력을 훈련하는 쉬운 방법이 있다.

우리가 길을 지나면서 눈에 보이는 모든 모습을 가만히 생각하여 보자. 길 위에서 보는 것들을 보면서 보기 좋은 것, 아름다운 것, 보기 싫게 흉한 것 등등, 이들에 대한 본인 나름대로의 평가하게 되는 시간을 가지고 있었다고 본다.

눈에 보이는 것에 대하여 평가를 하게 되는 순간에 본

설계와 Design의 과정은 여행하는 과정과 비슷하다

인이 가지고 있는 아름다운 것에 대한 기준이 있다는 사실을 알고 우리가 사물에 대한 평가를 하게 될 때에는 본인 중심의 평가기준이 있으므로 본인이 생각하는 모양도 생각하게 된다.

그러한 평가에 대한 생각에 떠오르는 모양은 새로운 Design으로 표현이 된다.

그런데 이러한 경우는 생각으로만 존재하게 된다.

이러한 관찰을 통한 Design 훈련은 무궁무진한 Design 사고력을 기를 수 있는 중요한 훈련이 되는데 이러한 훈련은 특별한 시간에 진행할 필요가 없이 우리 생활 중에서 진행할 수 있고 누구나 할 수 있는 Design 훈련이다.

길을 지나면서 길가에 보이는 것들에 대한 Design을 시작하여 보면 된다. 건축모양을 보면서 보이는 장소에 어떠한 다른 모양의 건물을 그려보고 싶은지도 생각하여 보고 건물을 들어가면서 건물 입구가 협소하거나 불편하면 다른 모양의 입구 Design을 생각하여 보기도 하고 길가 상가의 진열장에 전시하여 놓은 물건들의 새로운 배치도 생각하여 보고, 진열장의 전시제품의 색상도 바꿔보며 본인이 하고 싶은 것을 실행하여 보라. 무엇이든 존재하여 있는 사물을 보면서 대체하는 모양을 다시 만들어보면 아주 쉽게 될 수 있다.

여러 번에 걸쳐서 보고 느끼고 이해하는 경험에 대하여 반복되는 이야기를 하였는데 기회가 있을 때 직접 보고 느끼는 것보다 더 쉽게 이해하고 배울 수는 없다.

종종 Design하면서 사물에 대한 충분한 이해가 진행되고 준비가 부족한 상황에서 상상만으로 시도하여 발전된 Idea의 개발에 접근하지 못하는 경우를 많이 보았다.

설계나 Design에는 많은 것을 보기 위해 보내는 시간과 노력이 따르면 좋은 생각이나 결과를 쉽게 만들 수 있다.

생각을 하는 과정이 새로운 Design을 하는 것이며 끈임없이 창의적으로 생각하는 기회는 Designer나 설계자에게 즐거운 만족을 준다. 아마도 Design이나 설계에 종사하는 사람들은 이러한 만족이 존재하지 아니하면 금방 일상의 반복되는 지루함 때문에 지쳐서 다른 분야의 일로 바꾸고 말 것이다.

창의적인 생각을 하는 것은 미지의 세계에서 호기심을 유발하게 되는데 아주 재미있어 그만두지 못할 정도의 습관으로 발전하게 될 것이며 아무 생각없이 지내는 무료함으로부터 벗어나게 된다. 왜냐하면 날마다 변하고 있는 세상의 일들은 너무 흥미롭고 재미있기 때문이다. 이러한 생각은 여러분들이 쉽게 동의하리라 본다.

디자인과 설계는 꿈을 그리는 것이다. 꿈이 있기에 우리는 다양한 새로운 생각으로부터 시작하여 점진적인 발전 과정을 통하여 만족스러운 결과를 성취하여 새로운 것을 완성한다. 이러한 만족은 어느 무엇과 바꿀 수 없는 즐거움이다.

마지막으로 Design이나 설계 관련에는 헤아릴 수 없이 넓은 분야가 있다.

지금까지 설명한 것처럼 많은 분야에서도 동일한 과정으로 Design에 접근할 수 있다고 본다.

저자약력 | 이병담

1968. 3.	鄭仁國 建築研究所 勤務
1971. 3. - 1975. 6.	Teutsch Assoc. Arch. Engr.
1975. 6. - 1976. 8.	Gorden Wilson Inc. Arch.& Planners
1976. 8. - 1981. 8.	Paul Kaefer Assoc. Arch
1981. 8. - 1983. 4.	漢陽 엔지니어링 勤務
1991. 9. - 1997. 2.	弘益大學校 建築科 講師
1983. 5. - 2000. 5.	現代産業開發 副社長, 技術,建築本部장
1997. 3. - 2005. 2.	弘益大學校 建築科 兼任 敎授
2002. 3. - 2003.12.	現宗設計 代表理事
2004. 3. - 2009. 3.	홍익대학교 건축도시 대학원 교수
현재	홍익대학교 건축도시대학원 초빙교수

1985.	動力資源部 新再生 ENERGY開發 綜合推進劑 自然型 小委員會 委員長
1986.	動力資源部ENERGY 節約 技術普及 促進委員會 建物分科委員
1988.	韓國動力資源硏究 建物硏究室 諮問委員
1989.	盆唐 新都市 示範團地 懸賞設計 當選
1989.	工業振興聽 工業標準 審査委員 專門委員
1992. - 1998.	建設部 中央 建設審議委員會 委員
1997. - 1998.	建設部 建設標準化 推進委員會 委員
2001. 1. - 2002. 1.	建設部 中央 建設審議委員會 委員
2001. - 2003. 3.	서울市 建築審議 委員會 審議委員
2003. 1. - 2003.12.	서울 길음 Newtown Master Architect
2007. 1. - 2009. 1.	서울 길음 2차Newtown Master Architect
2009. 1 - 2010. 3.	전남 여수 미평 재정비 시범지구
1968.	第17回 大韓民國展 建築分野 特選受賞
	第 1回 韓國建築士協會 住宅設計大會 最優秀賞
1974.	AIA. - AIAF 建築分野 受賞
1975.	GRAHAM FOUNDATION賞 受賞
1992.	第 1回 韓國建築文化大賞 住宅部分 本賞 受賞
1997.	大韓建築學會 學會技術賞 受賞
1998.	第6回 韓國 建築文化大賞 建築部分 大賞 受賞
1999.	大韓民國 銀塔産業勳章 受賞

설계와 디자인은

글 로 쓰 지 않 는 소 설 이 다